市政工程质量常见问题防治手册

主编　王伟胜

中国建筑工业出版社

图书在版编目（CIP）数据

市政工程质量常见问题防治手册/王伟胜主编. —北京：
中国建筑工业出版社，2018.5
ISBN 978-7-112-22144-8

Ⅰ.①市… Ⅱ.①王… Ⅲ.①市政工程-工程质量-质量管理-
手册 Ⅳ.①TU990.05-62

中国版本图书馆CIP数据核字（2018）第089479号

　　本书包括的主要内容有：路基工程、路面工程、道路附属工程、排水管道工程、综合管廊工程、桥梁工程等内容。本书的基本出发点是紧前工序合格，仅对当前工序进行分析，针对每项问题，用具有代表性的图片加以体现，从每个问题产生的现象入手，详细分析问题产生的原因，着重介绍预防措施以及治理措施。

　　本书可作为从事市政工程建设监督、监理、施工及管理人员的工作人员使用，也可作为市政工程施工企业质量员的培训教材。

　　责任编辑：胡明安
　　责任校对：张　颖　李美娜

市政工程质量常见问题防治手册
主编　王伟胜
*
中国建筑工业出版社出版、发行（北京海淀三里河路9号）
各地新华书店、建筑书店经销
北京科地亚盟排版公司制版
北京京华铭诚工贸有限公司印刷
*
开本：787×1092毫米　1/16　印张：10　字数：237千字
2018年6月第一版　2018年6月第一次印刷
定价：**45.00**元
ISBN 978-7-112-22144-8
（32037）

本书编委会

主　　编：王伟胜

编　　委：陈杰刚　　唐湖北　　许　俐　　罗桂军　　罗光财
　　　　　姚发海　　秦正红　　郑智洪　　王春娥　　常柱刚
　　　　　周　昆

编写人员：翟晓燕　　彭　冉　　叶　华　　马　啸　　朱正荣
　　　　　李雨舟　　李　江　　刘丹飞　　谢爱荣　　李　泽
　　　　　徐　任　　魏永国　　张明新　　胡　乐　　蒋　路
　　　　　刘德坤　　杨深海　　谢震雨　　邓海波　　刘明敏

评审人员：戴公莲　　欧阳钢　　邵腊庚　　吴超凡　　王新夏
　　　　　虞正委　　冯　强　　罗桂军　　罗光财　　姚发海
　　　　　许丰伟　　陶　志

主编单位：长沙市建设工程质量监督站（长沙市芙蓉区荷花路
　　　　　168号惠通大夏）

参编单位：中铁大桥局集团有限公司
　　　　　中建五局土木工程有限公司
　　　　　长沙市市政工程有限责任公司
　　　　　湖南东方红建设集团有限公司
　　　　　湖南联智桥隧技术有限公司
　　　　　长沙市城市建设科学研究院
　　　　　长沙市规划设计研究院有限责任公司

前　　言

为贯彻落实《住房城乡建设部关于印发"工程质量治理两年行动方案"》(建市【2014】130号)和《住房城乡建设部关于印发工程质量安全提升行动方案的通知》(建质【2017】57号),以及《长沙市人民政府关于进一步推进质量强市建设的意见》(长政发【2015】18号)等的文件精神,全面推进"品质长沙"建设,在长沙市住房和城乡建设委员会的指导下,由长沙市建设工程质量监督站会同相关施工单位、设计单位、检测单位成立编制委员会联合编制《市政工程质量常见问题防治手册》。

市政工程质量问题是指城市道路、桥梁、排水、管廊等工程在施工过程中由于设计缺陷、施工经验不足、管理不规范等原因所引起的,只要现场管理人员充分认识及足够重视这些问题,加强施工过程中的预防措施,发生质量问题后科学分析,采取合理措施认真治理,是可以避免的。为此,编委会广泛收集了近年市政工程建设中常见的质量问题,进行归纳整理,同时增补了管廊工程、装配式桥梁等新兴结构内容,结合长沙市市政工程质量控制的实际情况,编制了本手册,旨在有效防治市政工程常见质量问题,以不断提高市政工程建设的质量管理水平。

本书共分6章,分别是路基工程、路面工程、道路附属工程、排水管道工程、综合管廊工程、桥梁工程。选择性地列举了部分典型案例。本书的基本出发点是紧前工序合格,仅对当前工序进行分析,针对每项问题,用具有代表性的图片加以体现,从每个问题产生的现象入手,详细分析问题产生的原因,着重介绍预防措施以及治理措施。书中还介绍了适合本问题的工艺、需要进行的试验检测项、验收标准,以及针对本问题从设计阶段提出了措施,具有较强的针对性和实用性。

本书对预防、治理施工质量问题具有一定的指导作用,对提高市政工程质量管理水平具有一定的借鉴作用,可作为从事市政工程建设监督、监理、施工及管理人员使用手册,也可作为市政工程施工企业质量员的培训教材。

由于本书编写时间比较紧迫,而目前市政工程存在的质量常见问题较多,仅列举了工程中普遍存在且防治已有成效的问题,可能导致本书中防治内容不够全面,待条件具备时我们将在以后进行补充和完善。因编者学识和专业技术水平有限,如有不当或错误之处,恳请广大读者批评指正。

市政工程质量常见问题防治手册编委会

2018年3月

目　　录

1 路 基 工 程

1.1 不良地基处理

1.1.1 砂石桩充盈度不满足要求 (表 1.1.1)

砂桩充盈度不满足要求　　　　　　　　　　表 1.1.1

质量问题示意	
质量问题描述	桩体材料填充松散，不密实，地基承载力不满足设计要求
原因分析	(1) 施工过程中振留时间、碎石桩灌水量等不满足要求。 (2) 桩体填充材料不符合设计或规范要求。 (3) 施工工序不规范，未"少吃多餐"，一次灌入量太多
设计措施	(1) 碎石桩成桩材料一般以粒径 20~50mm 的硬质岩的碎石或卵石为主，可部分掺砂，含泥量不超过 5%，不得采用强风化岩或软质岩石料。 (2) 砂桩成桩材料主要是工程砂，采用中粗混合砂，含泥量不大于 3%。为了增大桩体的摩擦角，可以加入角砾混合，但最大颗粒粒径不得超过 50mm，含泥量不大于 5%
预防措施	(1) 全面施工前要做试验桩（不少于 2 根），根据试验桩确定工艺参数，严格控制拔管高度、速度、压管次数和时间，填料适量。 (2) 振冲碎石桩水压控制在 200~600kPa 之间，水量以 200~400L/min 为宜，造孔接近孔底及振密过程中水压以 100kPa 为宜，水控制在 200L/min，振留时间一般在 20~30s 之间。 (3) 桩体材料应采用含泥量不大于 5% 的碎石或其他稳定的硬质材料，不能使用风化易碎的石料。

预防措施	（4）碎石桩振密孔施工顺序宜沿直线逐点逐行进行；砂石桩施工顺序：对砂土地基应从外围或两侧向中间进行；对黏土地基宜从中间向外围或隔排施工；在既有建（构）筑物邻近施工时，应背离建（构）筑物方向进行。填料要坚持"少吃多餐"的原则，每次填料厚度不宜大于 500mm，保证桩体连续、均匀、密实
治理措施	桩施工当灌注量没有达到设计要求时，应在原位将桩管打入，补充碎石后复打一次，或在旁边补桩
推荐工艺	施工准备（备料、原材料取样送检）→平整场地→测量标高、桩位放样→振冲器就位、调整垂直度→成孔→清孔→加料、振密→关机、停水→振冲器移位→垫层施工→检查验收
检测内容	施工前：砂石筛分、含泥量、压碎值。 施工后：复合地基静载荷试验
验收标准	应符合《城镇道路工程施工与质量验收规范》CJJ 1—2008 第 6.8.4.7 条、第 6.8.4.8 条的要求

1.1.2 水泥搅拌桩桩身强度不满足设计要求（表 1.1.2）

水泥搅拌桩桩身强度不满足设计要求 表 1.1.2

质量问题示意	
质量问题描述	桩施工完成达到龄期后全桩长抽取的芯样抗压强度达不到设计要求
原因分析	（1）使用的水泥、外加剂不符合规范要求，配合比不合理。 （2）泵送浆不连续，浆液搅拌不均匀。 （3）施工时注浆压力不稳定，或未控制钻头下沉及提升速度过快，喷浆时未控制高程及停浆面。 （4）未重复搅拌下钻

设计措施	（1）水泥采用强度等级为 32.5 级以上的硅酸盐水泥或普通硅酸盐水泥，如果地下水有腐蚀性时应采用抗腐蚀水泥（如抗硫酸盐水泥），建议初凝时间在 4h 以上，以确保施工工艺时间。 （2）水泥掺入量应根据拟加固场地的水泥加固土室内配比试验及现场试桩试验确定，一般掺入量为 13%～16%
预防措施	（1）严格控制水泥及外加剂的原材料质量，对每批次进场原材料进行取样送检，符合要求的才能使用。 （2）根据设计要求，施工前通过工艺性成桩试验确定施工工艺，对设计配合比进行验证，以确定施工参数及合理的配合比。 （3）施工前，应对设备进行养护及检查，确保施工过程中水泥搅拌桩泵送浆连续，如因故停浆，应将搅拌头下沉至停浆点以下 0.5m 处，待恢复供浆时，再喷浆搅拌提升；若停机超过 3h，宜先拆卸输浆管路，并妥加清洗。施工过程中浆液应搅拌均匀，不得离析。 （4）严格控制注浆压力、钻头下沉和提升速度、供浆与停浆时间，控制下钻深度、喷浆高程及停浆面；保证喷浆和搅拌连续均匀，单桩喷浆量应符合设计要求；桩端必须原位喷浆搅拌一定时间，确保成桩质量
治理措施	重新进行补桩处理或者是采取其他地基补强措施
推荐工艺	施工准备（备料、原材料取样送检、试桩）→桩位放样→搅拌机械就位、调平→正循环钻进至设计深度→打开高压注浆泵→反循环提钻并喷水泥浆→至工作基准面以下 0.3m→重复搅拌下钻设计深度→反循环提钻并喷水泥浆至地表→成桩结束→施工下一根桩→检查验收
检测内容	施工前：水泥安定性、凝结时间；浆液配合比试验 施工后：复合地基静载荷试验、单桩静载荷试验、水泥土抗压强度检验
验收标准	应符合《城镇道路工程施工与质量验收规范》CJJ 1—2008 第 6.8.4.9 条的要求

1.1.3 抛石挤淤后承载力不足（表 1.1.3）

抛石挤淤后承载力不足　　　　　　　　表 1.1.3

质量问题示意	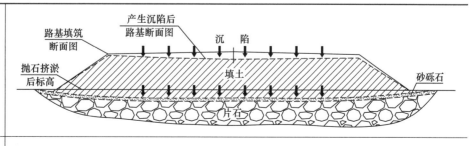
质量问题描述	特殊路基抛石挤淤后，在荷载作用下路基出现滑移、沉陷现象

原因分析	(1) 淤泥厚度过大，施工方案不当。 (2) 石料粒径不符合设计规范要求，石料尺寸过大或过小且填充不紧密，未根据现场实际情况选择尺寸合适的填料。 (3) 抛石挤淤采用的风化岩片石，石料本身强度不满足要求。 (4) 施工过程中抛石挤淤施工方法不妥当。 (5) 抛石后未及时使用级配碎石及砂嵌缝，造成碾压不密实
设计措施	抛填的片石粒径宜大于 300mm，且小于 300mm 粒径含量不得超过 20%。抛填时从路堤中部开始，中部向前突进后再渐次向两侧扩展，以使淤泥向两旁挤出或单侧抛置，使淤泥向外侧挤出
预防措施	(1) 如淤泥厚度超过 4m 时应选择其他更有效的地基处理方式进行处理。 (2) 使用不易风化石料挤淤，施工前对石料进行检测，石料中尺寸小于 300mm 粒径的含量不得超过 20%。 (3) 当软土地层较平坦时，从路堤中心呈等腰三角形向前抛填，渐次向两侧对称抛填至全宽，抛填基础顶面比路基宽 1m，使泥沼或软土向两侧挤出；当软土地层横坡陡于 1：10 时应自高侧向低侧抛投，并适当在低侧边部多抛填，使低侧边部约有 2m 的平台顶面，待片石抛出软土面或水面后，用较小石块填塞垫平，用重型压路机压实至稳定。 (4) 抛石粒径下大上小，原则是大于 500mm 的石料抛于塘底。用自卸汽车将石料运至抛投现场浜塘边缘（严禁直接向浜塘中直接倾倒），先用挖掘机进行分选抛投，直至片石露出淤泥面或水面，然后由推土机将小粒径的片石推平嵌缝。抛投至淤泥面或水面以上 300～500mm 后即可进行碾压。片石抛填碾压后高程应比原淤泥面或水面高出 1m。 (5) 碾压稳定的片石表面上铺设 100mm 厚的碎石和 100mm 厚砂进行嵌缝，碾压密实后，铺设土工隔栅，进行路基填筑
治理措施	对于承载力不足的地段进行强夯处理，当强夯达不到要求时进行开窗挖除重新铺筑片石、碾压夯实；对于出现滑移地段重新挖除再做加宽处理
推荐工艺	施工准备（备料、原材料取样送检）→测量放线→分层抛填片石→嵌缝填塞垫平→重型碾压→检测验收→土工合成材料处治→检查验收
检测内容	施工前：片石强度。 施工后：沉降观测
验收标准	应符合《城镇道路工程施工与质量验收规范》CJJ 1—2008 第 6.7.2.4 条的要求

1.2 路基填筑

1.2.1 路基不均匀沉降（表1.2.1）

路基不均匀沉降 表 1.2.1

质量问题示意	
质量问题描述	路基不均匀沉降后，路面出现裂缝、坑凹、台阶等
原因分析	（1）路基清表不到位、淤泥清理不到位、抛石挤淤后承载力不足。 （2）坡度大于1∶5的路段、新老路基结合处或半填半挖部位，路基填筑前未按规定要求挖成台阶，填料结合不良。 （3）选用了稳定性较差的路基填料，不同填料混填导致的不均匀沉降。 （4）构造物、管道等沟槽回填处理不到位。 （5）路基填土压实不到位。 （6）排水系统不完善。 （7）原地面高差起伏过大，路基成型后未经合理的自然沉降过程
设计措施	（1）"三分"法压实。即性质不同的填料应水平分层、分段填筑、分层压实。同一水平层用同一种填料，不得混填。每一填筑层压实后厚度不应大于300mm，填筑路床最后一层时，压实后的厚度不应小于150mm。 （2）采用重型压实标准。 （3）压实度应满足设计规范规定
预防措施	（1）填筑路基前首先清除表土300mm，如遇软弱土等不良地基土等应出专项方案作相应处理，并经检测合格后方可进行路基填筑。 （2）坡面、新老路基结合处或半填半挖部位的处理，当坡面小于1∶5时只需清除坡面上的表层，但坡度大于1∶5时应将坡面做成台阶，每级台阶宽度不小于1m，分层填筑，在最佳含水率时进行碾压。

预防措施	（3）应采用液限、塑性指数和含水率符合要求的路基填料，同一水平层路基的全宽应采用同一种填料，不得混合填筑。每种填料的填筑层压实后的连续厚度不小于500mm。 （4）构造物、管道等沟槽严格分层回填压实，确保压实度与沟槽外侧的路基压实度一致。 （5）路基压实应先轻后重、先慢后快、均匀一致，填土压实度按要求进行现场试验检测，合格后方可进行下一层填筑。 （6）必须将水排除到路基范围之外，保证路基处于干燥、坚固稳定状态。 （7）遇到高差大的填方或半填半挖路段，必须有自然沉降期
治理措施	应先检查后按结果做补强处理。补强不能满足要求的再进行返工处理。将不均匀沉降段全部挖除，从底面开始，逐层分层回填压实
推荐工艺	施工准备（路基填料检测）→路基清表（基底承载力检测）→分层填筑→分层碾压（先轻后重、先慢后快、均匀一致）→检查验收
检测内容	施工前：基底承载力试验，路基填料含水率、最大干密度、最佳含水率、CBR试验。 施工过程：压实度、弯沉
验收标准	应符合《城镇道路工程施工与质量验收规范》CJJ 1—2008 第 6.8.1 条的要求

1.2.2 路基表面裂缝（表1.2.2）

路基表面裂缝　　　　　　　　　　　表1.2.2

质量问题示意	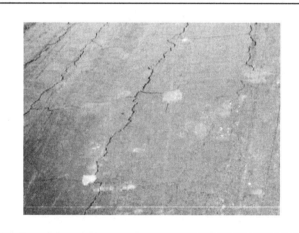
质量问题描述	路基填筑压实后，表面出现大小不一的裂缝

原因分析	(1) 路基填料直接使用了含水率过大的土或碾压时土质含水率偏大。 (2) 路基分层填筑厚度过薄
设计措施	采用粉质黏土、黏土等细粒土填筑时可根据具体情况分别采用掺石灰、粉煤灰、水泥、HEC 等固化剂处治以达到压实度要求
预防措施	(1) 采用合格的填料，当选材困难必须使用时，应采取相应的措施，如采取掺灰处理等，确保在接近土的最佳含水率时碾压密实。 (2) 应严格分层填筑，分层压实，填筑路床顶最后一层时，压实后的厚度不应小于 150mm
治理措施	(1) 对于细小裂纹可以不用处理，在最短时间内进行下一层路基填筑施工。 (2) 对于缝宽较宽、较密集的路段，可采取翻挖晾晒、掺灰改良等措施进行处理
推荐工艺	施工准备（路基填料检测）→路基清表（基底承载力检测）→分层填筑→分层碾压（先轻后重、先慢后快、均匀一致）→检查验收（压实度检测）
检测内容	施工前：基底承载力试验，路基填料含水率、最大干密度、最佳含水率、CBR 检测。 施工过程：压实度检测
验收标准	应符合《城镇道路工程施工与质量验收规范》CJJ 1—2008 第 6.8.1 条的要求

1.2.3 路基弹簧（表 1.2.3）

路基弹簧 表 1.2.3

质量问题示意	

质量问题描述	路基土在碾压时，受压处下陷，周边弹起，如弹簧般受力时压缩，力释放时受压处回弹，上下起伏，体积没有压缩，压实度达不到规定要求
原因分析	（1）填料不合格，含水率过大，而水分又无法散发，碾压时出现弹簧现象。 （2）下卧层为软弱层，含水率过大，在上层碾压过程中，下层产生弹簧反映到上层引起弹簧现象；或者下层水分通过毛细作用，渗入上层路堤，增加了上层土的含水率，引起弹簧。 （3）过度碾压，土的颗粒间空隙减小，水膜增厚，抗剪力减小引起弹簧。 （4）路基排水不畅或地下水位较高
设计措施	采用粉质黏土、黏土等细粒土填筑时，可根据具体情况分别采用石灰、水泥或掺石灰、粉煤灰、水泥、HEC 等固化剂处治以达到压实度要求
预防措施	（1）选择符合规范要求的路基填料，避免使用天然稠度小于1，液限大于50、塑性指数大于26的土作为路堤填料。路基填筑时，应在接近土的最佳含水率时碾压密实。 （2）填筑上层土时，应对下层填土的含水率等进行检测，合格后方可填筑上层土。 （3）路基填筑施工前，通过试验路段确定各项施工参数，施工填筑过程中严格按要求碾压施工。 （4）填土时应开好排水沟，或采取其他降水措施降低地下水位
治理措施	对已发生弹簧部位，可采取翻挖晾晒、开挖梅花式小井及掺加生石灰粉吸收水分等措施降低含水率后再进行压实
推荐工艺	施工准备（路基填料检测）→路基清表（基底承载力检测）→分层填筑→分层碾压（先轻后重、先慢后快、均匀一致）→检查验收（压实度检测）
检测内容	施工前：基底承载力试验，路基填料含水率、最大干密度、最佳含水率、CBR 检测。 施工过程：压实度检测
验收标准	应符合《城镇道路工程施工与质量验收规范》CJJ 1—2008 第 6.8.1 条的要求

1.3 路基边坡

1.3.1 边坡滑坡（表1.3.1）

边坡滑坡　　　　　　　　　　　　　　　　表1.3.1

质量问题示意	
质量问题描述	路基边坡沿着一定的滑动面向下滑塌、下陷或原地原坡度过陡地段
原因分析	（1）路基边坡材料松散，抗剪性能差。 （2）挖填交界处未开挖台阶进行分层填筑碾压，造成贴坡，形成滑动面。 （3）路基边坡碾压不到位，未刷坡，路肩和边坡未达到要求的密实度。 （4）分层填土铺筑宽度不足，路基坡脚基底处理不到位，路基未与边坡同时填筑，造成松土贴坡。 （5）施工过程中临时排水不完善，边坡成形后长期积水、浸泡。 （6）未按设计要求或未及时进行路边坡防护施工
设计措施	（1）严格按设计要求的边坡坡率施工。 （2）填挖交界处的处理：坡面小于1∶5时只需清除坡面上的表层，但坡度大于1∶5时应将坡面做成台阶，在填挖交界面铺筑土工格栅
预防措施	（1）含有边坡段的路基填料一般采用砂砾及塑性指数和含水率符合规范的土，对于液限大于50，塑性指数大于26的土等不应作为边坡段路基填土。 （2）填挖交界处或原地面坡度大于1∶5时应将坡面做成台阶，每级台阶宽度不小于1m，分层填筑，在最佳含水率时进行碾压。 （3）边坡应与路基同时填筑，按设计要求保证铺筑宽度，严禁以松土贴坡。路基填筑前应对坡脚基底做相应处理，保证其压实度、承载力等。 （4）保证路基经常处于干燥、坚固和稳定状态，必须将水排除到路基范围之外；做好排水工程，避免局部冲刷掏空路基边坡坡脚。 （5）及时按设计要求施工路基边坡防护工程，提高边坡防护施工质量
治理措施	对于边坡滑坡段进行清理之后，分台阶开挖，铺筑土工格栅分层填筑到位，必要时，增加坡面防护或者是坡脚挡土墙，防止再次滑坡

推荐工艺	施工准备（路基填料检测）→路基清表（基底承载力检测）→分层填筑→分层碾压（先轻后重、先慢后快、均匀一致）→检查验收（压实度检测）
检测内容	施工前：基底承载力试验，路基填料含水率、CBR 检测。 施工过程：压实度检测
验收标准	应符合《城镇道路工程施工与质量验收规范》CJJ 1—2008 第 6.8.1 条的要求

1.3.2 路基边坡冲刷严重（表 1.3.2）

路基边坡冲刷严重　　　　　　　　　　　　　表 1.3.2

质量问题示意	
质量问题描述	雨后路基边坡冲刷，甚至形成冲沟
原因分析	（1）路基边缘压实度不足。 （2）过早的削坡而边坡防护工程未能及时跟上。 （3）排水措施不到位，导致路基边坡受雨水冲刷。 （4）路基亏坡，整修时采用"贴补法"，致使边坡不密实，两层皮，整体性差
设计措施	路基施工过程中，雨季时，应增设临时排水设施，且临时排水设施应与永久排水设施结合，如沿纵向路基顶面两侧设拦水槛，边坡上设急流槽，将路基上积水引流至急流槽流至路基外
预防措施	（1）边坡路基应超宽填筑、超宽碾压，一般较设计宽度单侧超宽 50cm，削坡后边坡防护工程应及时跟上。 （2）路基施工过程中应设必要的排水措施

治理措施	（1）对于路基宽度够的路基边坡重新进行刷坡处理，并及时做好边坡防护施工。 （2）对于路基宽度已不足的路基段将边坡重新挖除后再进行填筑处理
推荐工艺	施工准备→路基边坡超宽回填边缘压实→清理边坡→挂线放样→开挖沟槽→设临时急流槽和排水梗和排水沟→及时施做边坡防护工程→检查验收
检测内容	施工过程：压实度检测、路基宽度测量
验收标准	应符合《城镇道路工程施工与质量验收规范》CJJ 1—2008 第 6.8.1 条的要求

2 路面工程

2.1 级配粒料底基层与基层

2.1.1 填料松散、离析 (表2.1.1)

填料松散、离析　　　　　　　　　　　　　　表 2.1.1

质量问题示意	
质量问题描述	级配粒料层松散，粗集料窝
原因分析	(1) 原材料级配不符合要求。 (2) 混合料拌合不均匀或摊铺过程中产生离析。 (3) 含水率偏低，无法碾压成型
设计措施	(1) 级配粒料用作底基层与基层时，其集料的公称最大粒径不宜超过37.5mm（底基层）/31.5mm（基层），集料的压碎值不大于30%（快速路和主干路）和35%（次干路）及40%（支路）。 (2) 用于底基层时，CBR值不低于100（快速路和主干路）和80（次干路）及60（支路）；用于基层时，CBR值不低于160（快速路和主干路）和140（次干路）及120（支路）
预防措施	(1) 施工前对材料进行检测，级配粒料配料必须准确，干拌后取混合料做筛分试验，检查混合料是否满足施工配合比的级配要求，不符合要求的不允许使用。 (2) 拌合好的混合料在运输过程中，应覆盖，避免表面水分过分蒸发，干燥。

预防措施	（3）采用摊铺机摊铺，在摊铺机底部安装挡料皮，减少底部离析；减少摊铺机收料斗的次数，减少混合料离析；摊铺机后面应设专人消除粗细集料离析现象。 （4）混合料在最佳含水率时进行碾压，如表面干燥，在碾压过程中应补洒适量水分
治理措施	对于松散、离析、粗集料窝处进行挖除重新摊铺碾压处理
推荐工艺	施工前准备→原材料检测→混合料配合比试验确定最佳含水率、最大干密度、强度及材料比例→混合料拌合（集中拌合）→运输→摊铺（摊铺机摊铺）→整型→碾压→检查验收
检测内容	施工前：粗细集料筛分、含泥量、压碎值、针片状含量等原材料技术指标；设计配合比。 施工后：压实度、厚度、平整度、弯沉
验收标准	应符合《城镇道路工程施工与质量验收规范》CJJ 1—2008 第 6.8.4 条、第 7.8.4 条的要求

2.2　水泥稳定级配粒料底基层与基层

2.2.1　填料松散、离析（表 2.2.1）

填料松散、离析　　　　　　　　　　表 2.2.1

质量问题示意	
质量问题描述	混合料离析，局部粗骨料或细骨料比较集中，粗骨料表面无细料与结合料黏附或表面黏附性不好
原因分析	（1）混合料级配偏粗，粒料压碎值偏大，在碾压过程中粗集料被压碎。 （2）工业废渣（钢渣、建筑再生集料）吸水率过大，超过 7％。

原因分析	（3）结合料用量偏少，拌合不均匀，用水量过多导致细料与结合料被水带走产生离析。 （4）运输、装卸料和摊铺过程中产生离析。 （5）混合料未在初凝之前完成碾压或碾压过程中用水枪直接喷洒补水。 （6）养护不到位
设计措施	（1）集料公称最大粒径不宜超过 37.5mm（底基层）/31.5mm（基层）；集料的压碎值不宜大于 30%（快速路和主干路）和 35%（次干路）及 40%（支路）。 （2）水泥稳定料的初凝时间不宜小于 4h，终凝时间不宜小于 6h，且不大于10h
预防措施	（1）加强原材料的进场质量把控工作，保证原材料符合要求。 （2）拌合时宜采用双级拌合，延长拌合时间；水泥宜用 32.5 强度等级。 （3）运输时采用篷布覆盖，确保混合料始终处于最佳含水量状态，避免急转弯、急刹车，为防止混合料在摊铺机内产生局部粗碎石集中现象，禁止送料刮料板外露，严禁使用摊铺机以外的机械布料，摊铺机布料时后面应设专人消除粗细集料离析现象。 （4）控制好拌合、运输到现场摊铺的时间间隔，安排质检人员对碾压全过程进行监督，重点控制碾压遍数和碾压速度，杜绝"漏压"现象，保证在初凝之前完成碾压。 （5）加强养护，尽量采用覆盖养护，并及时洒水，保证表面湿润不干燥。 （6）加强交通管制，对养护路段实行封闭管理，设置标示牌、路障，设专人进行巡察，严防车辆进入养护路段
治理措施	（1）对于局部松散离析处在水泥初凝前，可人工挖松，掺加细料与水泥重新拌均匀、找平后碾压平整；如果水泥已初凝时，细小局部可拌合较稀的水泥净浆洒补、找平。 （2）大面积松散离析处，应把整个长度范围内的整个横断面挖除后重新摊铺碾压处理，不得贴补或开窗处理
推荐工艺	施工准备→原材料检测→配合比设计→生产时按配合比控制水泥、用水量与粒料级配→混合料拌合（集中双级拌合）→混合料运输（完整覆盖）→布置基准线→摊铺（摊铺机摊铺）→碾压→人工配合修补完善→养护→检查验收
检测内容	施工前：粗细集料筛分、含泥量、压碎值、针片状含量等检测；水泥安定性、细度模数、凝结时间等原材料技术指标；配合比设计与试验。 施工过程：水泥含量、混合料筛分、7d 无侧限抗压强度。 施工后：压实度、厚度、平整度、弯沉
验收标准	应符合《城镇道路工程施工与质量验收规范》CJJ 1—2008 第 7.8.2 条的要求

2.2.2 强度不足 (表2.2.2)

强度不足

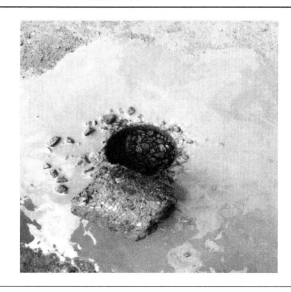

表2.2.2

质量问题 示意	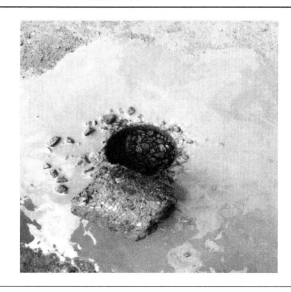
质量问题 描述	混合料芯样松散、未完全结板或送试验室做标准强度试验，检测结果强度达不到设计要求
原因分析	（1）水泥用量不足；用水量过大或拌合不均匀，导致严重离析。 （2）粗集料压碎值过大，在碾压过程中大量粗集料被压碎。 （3）混合料在运输、装卸、摊铺过程中因离析导致级配不良。 （4）碾压不到位，压实度不足；或未在初凝前完成碾压。 （5）未及时养护或养护不到位。 （6）过早开放交通
设计措施	水泥稳定混合料应按设计强度与规定的试验方法进行试验，确定水泥用量、最佳含水率、最大干密度
预防措施	（1）水泥、集料、水计量要准确；应采用双级拌合以保证均匀性。 （2）原材料进场之后及时取样送检，对不符合要求的原材料不予使用。 （3）混合料运输时应完整覆盖和尽量避免车辆的颠簸，以减少混合料的水分损失和离析。 （4）碾压时应采用重型压路机，复压时应采用20t以上的振动压路机，在水泥初凝前完成终压；对于工业废渣宜采用30t以上重型胶轮压路机进行复压。 （5）碾压完成后及时养护，养护可采用节水保湿养护膜或土工布覆盖并定期洒水养护。 （6）加强交通管制，养护期间严禁车辆进入养护路段
治理措施	对不合格的路段应整个横断面挖除，重新铺筑处理，不得薄层贴补或开窗处理；或加厚路面结构层

推荐工艺	施工准备→原材料检测→配合比设计→生产时按配合比控制水泥、用水量、集料比例→混合料拌合（集中双级拌合）→混合料运输（完整覆盖）→布置基准线→摊铺（摊铺机摊铺）→碾压→人工配合修补完善→覆盖养护→检查验收
检测内容	施工前：粗细集料筛分、含泥量、压碎值、针片状含量等检测；水泥安定性、细度模数、凝结时间等原材料技术指标；设计配合比。 施工过程：水泥含量、混合料筛分、7d无侧限抗压强度。 施工后：压实度、厚度、平整度、弯沉
验收标准	应符合《城镇道路工程施工与质量验收规范》CJJ 1—2008 第 7.8.2 条的要求

2.2.3 表面裂纹（表 2.2.3）

表面裂纹 表 2.2.3

质量问题示意	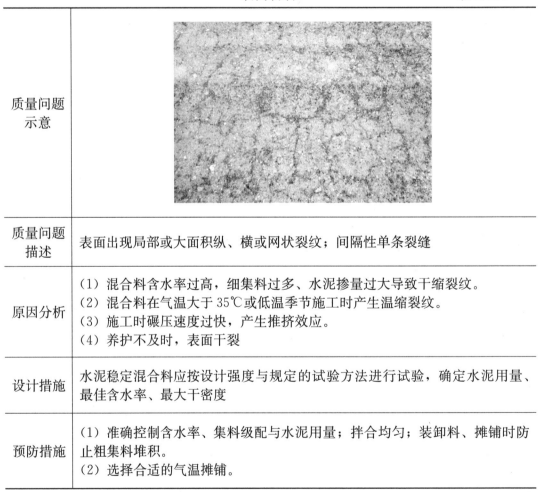
质量问题描述	表面出现局部或大面积纵、横或网状裂纹；间隔性单条裂缝
原因分析	（1）混合料含水率过高，细集料过多、水泥掺量过大导致干缩裂纹。 （2）混合料在气温大于 35℃ 或低温季节施工时产生温缩裂纹。 （3）施工时碾压速度过快，产生推挤效应。 （4）养护不及时，表面干裂
设计措施	水泥稳定混合料应按设计强度与规定的试验方法进行试验，确定水泥用量、最佳含水率、最大干密度
预防措施	（1）准确控制含水率、集料级配与水泥用量；拌合均匀；装卸料、摊铺时防止粗集料堆积。 （2）选择合适的气温摊铺。

预防措施	（3）严格控制施工碾压速度，碾压顺序应先轻后重，先慢后快，保证碾压密实，避免车速过快产生推挤效应；工业废渣采用30t以上重型胶轮压路机进行复压。 （4）碾压完成后及时养护，养护可采用节水保湿养护薄膜或土工布覆盖并定期洒水养护
治理措施	（1）对于较小的裂缝直接采用乳化沥青做灌缝处理。 （2）对于宽度1～2mm的缝，灌缝后加铺自粘式玻璃纤维格栅。 （3）对于大于2mm的缝，先沿缝切成上口V形槽，吹扫干净之后先灌乳化沥青，再用普通石油沥青灌缝填平，再加铺自粘式玻璃纤维格栅，裂缝处理完之后，尽快做好封层
推荐工艺	施工准备→原材料检测→配合比设计→设备标定、调试→生产时按配合比控制水泥、用水量、集料级配→混合料拌合（集中双级拌合）→混合料运输→布置基准线→摊铺（摊铺机摊铺）→碾压→人工配合修补完善→养护→检查验收
检测内容	施工前：粗细集料筛分、含泥量、压碎值、针片状含量等检测；水泥安定性、细度模数、凝结时间等原材料技术指标；配合比设计与试验。 施工过程：水泥含量、混合料筛分、7d无侧限抗压强度。 施工后：压实度、厚度、平整度、弯沉
验收标准	应符合《城镇道路工程施工与质量验收规范》CJJ 1—2008第7.8.2条的要求

2.3 沥青混合料面层

2.3.1 车辙（表2.3.1）

车辙 表2.3.1

质量问题示意	

质量问题描述	路面在车辆荷载作用下，轮迹带处下陷，轮迹带两侧往往拌有隆起，形成纵向带状凹槽
原因分析	（1）集料含泥量过大，混合料粘结不好导致抗剪性能不足。 （2）混合料高温稳定性不足，级配为悬浮结构、沥青高温性能不足。 （3）沥青混合料面层施工时未充分压实，在车辆反复荷载作用下，轮迹带处被进一步压密，而出现下陷。 （4）过早开放交通
设计措施	（1）路线线形处于连续长纵坡、陡坡及半径较小匝道，制动、起动频繁、停车场与红绿灯停车线处，这些特殊路段可以做特殊的结构设计，如采用半刚半柔的路面结构，上、中、下面层均采用改性沥青，上、中、下面层采用骨架嵌锁级配的混合料，复合式路面，在混合料中掺抗车辙剂、高强聚酯纤维、玄武岩纤维等。 （2）特重交通及一级公路、城市主干路以上的公路和城市道路的上、中面层应选用改性沥青。一般二级公路及城市次干路上面层应选用改性沥青。三级公路及城市支路上面层也可选用改性沥青
预防措施	（1）选用符合要求的材料，集料应洁净、含泥量不超标。 （2）配合比设计级配应连续，配合比必须进行验证合格之后方可进行混合料的正式施工。 （3）施工前，应进行试验段施工，确定相关参数；施工时，严格控制摊铺厚度、碾压速度和碾压遍数，压实应按初压、复压、终压三个阶段进行，保证碾压密实。 （4）沥青混合料施工完毕待表面温度低于 50℃后方可开放交通
治理措施	（1）对于仅轮迹处凹陷，两侧无隆起的车辙可采用就地热再生、铣刨重铺，微表处 V 形填充修补方式。 （2）对于轮迹两侧同时隆起的结构失稳性车辙，铣刨整个车道，重铺合格的混合料
推荐工艺	施工准备→备料→原材料检测→配合比设计→材料计量→搅拌（集中拌合）→翻斗车运输→摊铺（摊铺机摊铺）→光面压路机初压→光面、胶轮压路机复压→光面压路机终压→检查验收
检测内容	施工前：沥青软化点、针入度、延度、黏附性；粗细集料筛分、密度、吸水率、针片状含量、压碎值、磨耗值、含泥量；目标配合比设计、生产配合比设计、生产配合比验证。 施工过程中：马歇尔、油石比、抽提集料筛分。 施工后：压实度、厚度、平整度、弯沉、渗水系数、抗滑构造深度
验收标准	应符合《城镇道路工程施工与质量验收规范》CJJ 1—2008 第 8.5.1 条的要求

2.3.2 推挤、拥包（表2.3.2）

推挤、拥包 表2.3.2

质量问题示意	
质量问题描述	沥青路面表面局部突起现象
原因分析	（1）沥青面层中沥青含量过多、黏度和软化点偏低或矿料级配不良，集料含泥量过大，细料偏多，致使面层材料自身的高温抗剪强度不足，在行车作用下产生拥包。 （2）下卧层表面污染严重，摊铺时下卧层表面严重潮湿或冒雨施工，粘层不合格或未做粘层，导致层间粘结不足。 （3）沥青面层施工完成后，过高温度下开放交通
设计措施	（1）对交通量繁重、重载交通沥青面层宜选用双层改性沥青甚至三层改性沥青。 （2）加强层间联结及下卧层面上的清洁。 （3）严格控制原材料，特别是集料的含泥量
预防措施	（1）选择高温稳定性好的沥青与洁净的集料，及时对原材料进行检测，确保原材料的进场质量。 （2）严格检查各料仓的计量控制装置及拌合设备工作的正常性，保证沥青及集料计量准确，确保沥青混合料的生产质量。 （3）上面层施工前，下卧层应清理干净，严禁有积水、灰尘、浮土等杂物，并做好层间联结措施。 （4）沥青混合料路面施工完毕后，应自然降温至表面温度低于50℃后，方可开放交通
治理措施	（1）对于轻微而且稳定的拥包，用铣刨机削平即可。 （2）对于由面层原因产生的严重拥包，应分析原因后再处理，如铣刨重铺
推荐工艺	施工准备→备料→配合比设计→设备标定、调试→材料计量→搅拌（集中拌合）→翻斗车运输→摊铺（摊铺机摊铺）→光面压路机初压→光面、胶轮压路机复压→光面压路机终压→检查验收

检测内容	施工前：沥青软化点、针入度、延度、黏附性；粗细集料筛分、密度、吸水率、针片状含量、压碎值、磨耗值、含泥量；目标配合比设计、生产配合比设计、生产配合比验证。 施工过程中：马歇尔、油石比、抽提集料筛分。 施工后：压实度、厚度、平整度、弯沉、渗水系数、抗滑构造深度
验收标准	应符合《城镇道路工程施工与质量验收规范》CJJ 1—2008 第 8.5.1 条的要求

2.3.3 路面松散、跑砂（表 2.3.3）

路面松散、跑砂　　　　　　　　　　　　　表 2.3.3

质量问题示意	
质量问题描述	路表粗麻，表层剥落，粗细集料颗粒脱落、散失
原因分析	(1) 集料污染严重，含泥量大；或集料吸水率大，在烘干过程中集料表面开口孔隙中的水分未被完全烘干。 (2) 施工时气温过低或冒雨摊铺沥青混合料。 (3) 沥青混合料出厂温度过高，导致沥青老化。 (4) 碾压时沥青混合料温度过低
设计措施	(1) 选用符合要求的材料，集料应洁净、含泥量不超标。 (2) 加强层间设计。 (3) 沥青混合料的矿料级配应符合工程设计规定的级配范围
预防措施	(1) 选用符合要求的材料，集料应洁净、含泥量不超标。 (2) 严禁雨天及气温低于 5℃时进行沥青摊铺施工。 (3) 沥青混合料的出厂温度应符合设计规范要求。 (4) 严格控制施工现场沥青混合料的摊铺、初压及终压温度
治理措施	采用"铣刨"工艺，将松散部分用铣刨机铣成与路线平行的矩形，然后洒一层粘层沥青，重新铺筑沥青混合料，找平压实

推荐工艺	施工准备→备料→材料计量→搅拌→运输→摊铺→光面压路机初压→光面、胶轮压路机复压→光面压路机终压→检查验收
检测内容	施工前：沥青软化点、针入度、延度、黏附性；粗细集料筛分、密度、吸水率、针片状含量、压碎值、磨耗值、含泥量；目标配合比设计、生产配合比设计、生产配合比验证。 施工过程中：马歇尔、油石比、抽提集料筛分。 施工后：压实度、厚度、平整度、弯沉、渗水系数、抗滑构造深度
验收标准	应符合《城镇道路工程施工与质量验收规范》CJJ 1—2008 第 8.5.1 条的要求

2.3.4 路面平整度差（表 2.3.4）

路面平整度差   表 2.3.4

质量问题示意	
质量问题描述	沥青混合料人工摊铺、搂平、碾压后表面欠平整，当开放交通后路面出现波浪或出现"碟子"坑、"疙瘩"坑
原因分析	(1) 基层或下卧层不平整导致面层不平整。 (2) 摊铺机摊铺速度不均，供料不连续，起停频繁。 (3) 压路机快速制动或转向，以及同一部位重复碾压。 (4) 施工接缝处理不当。 (5) 边角部位人工摊铺时方法不当
设计措施	(1) 选择合适的沥青混合料类型，单层结构厚度不小于最大公称粒径的 2.5 倍，最好达到 3 倍。 (2) 整个沥青层有足够厚度，一般路面为三层不小于 16cm，支路与桥面为 10cm

预防措施	(1) 加强施工现场质量控制，从底基层起，保证各结构层表层平整度，层层平，才能面层平。 (2) 摊铺机应匀速、不停顿的连续摊铺，严禁时快时慢，停机待料。 (3) 压路机应以初压、复压、终压三阶段慢而均匀的进行碾压。 (4) 施工缝施工时严格按要求使用 3m 直尺检查，确保平整度符合要求。 (5) 边角部位采用人工摊铺时，以扣铲方式均匀摊铺在路上，摊铺时不得扬铲远甩，一边摊铺一边用刮板刮平，并用小型打夯机打夯密实
治理措施	(1) 对于小范围跳车的地段，采用"挖补"工艺，重新铺筑沥青混合料，找平压实；对于大范围或非常严重的路段铣刨重铺。 (2) 对于中、下层，可进行精铣刨后，再摊铺上面层
推荐工艺	施工准备→备料→材料计量→搅拌→翻斗车运输→摊铺→光面压路机初压→光面、胶轮压路机复压→光面压路机终压→检查验收
检测内容	施工前：沥青软化点、针入度、延度、粘附性；粗细集料筛分、密度、吸水率、针片状含量、压碎值、磨耗值、含泥量；目标配合比设计、生产配合比设计、生产配合比验证。 施工过程中：马歇尔、油石比、抽提集料筛分。 施工后：压实度、厚度、平整度、弯沉、渗水系数、抗滑构造深度
验收标准	应符合《城镇道路工程施工与质量验收规范》CJJ 1—2008 表 8.5.1 条的要求

2.3.5 施工缝不顺直、有高差 （表 2.3.5）

施工缝不顺直、有高差　　　　　　　　　　表 2.3.5

质量问题示意	
质量问题描述	接缝不顺直、不紧密、有高差

原因分析	(1) 冷接缝时，路幅边缘切除不顺直。 (2) 热接缝时，未对前面摊铺好的面层进行预热，新旧粘结不好。 (3) 分幅施工时，后施工段的松铺系数控制不准确，偏大或偏小。 (4) 接缝处碾压不密实。 (5) 接缝碾压方式不正确
设计措施	沥青路面的施工必须接缝紧密、连接平顺，不得产生明显的接缝离析。上、下层的纵缝应错开 150（热接缝）或 300～400mm（冷接缝）以上。相邻两幅及上、下层的横向接缝均应错位 lm 以上。接缝施工应用 3m 直尺检查，确保平整度符合要求
预防措施	(1) 冷接缝施工时，进行挂线施工，并用切割机切线，保证切线顺直。 (2) 使用两台摊铺机以梯队联合摊铺方式进行施工时，在靠前行驶的摊铺机已摊铺混合料部分留下 200～300mm 宽暂不碾压，作为随后摊铺机的高程基准面，并搭接 150～250mm 摊铺面；前后两台摊铺间距不超过 10m。 (3) 施工过程中严格每层纵缝应错开 150mm（热接缝）或 300～400mm（冷接缝）以上，上、下层的横向接缝均应错位 1000mm 以上。 (4) 接缝处摊铺前，测量已摊铺好的断面高程，计算好需要摊铺层的松铺系数，摊铺时及时调整，加强施工过程监控。 (5) 施工缝碾压时，先在已压实的路面上行走，同时碾压新铺层 100～150mm，逐步横向向新铺路面移动，充分将接缝处碾压密实，同时用 3m 直尺检查接缝平整度
治理措施	对于特别严重的产生了跳车的地段，采用"铣刨重铺"工艺，重新铺筑沥青混合料，找平压实
推荐工艺	边缘塌斜部分用切割机切除→清扫碎石颗粒→涂刷粘层沥青→新的热混合料敷贴→清除敷贴料→摊铺时压路机跨新铺层 100～150mm 骑缝碾压→施工中采用 3m 直尺检测→检查验收
检测内容	施工过程：平整度
验收标准	应符合《城镇道路工程施工与质量验收规范》CJJ 1—2008 第 8.5.1 条的要求

2.3.6 路面裂缝（表2.3.6）

路面裂缝 表2.3.6

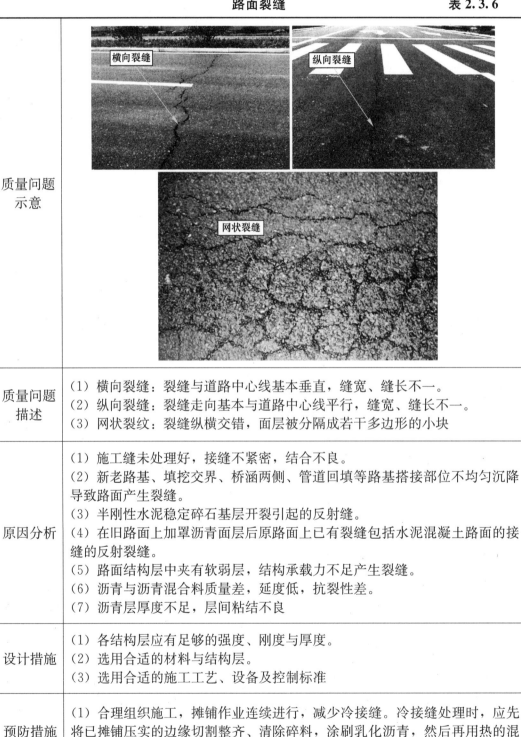

质量问题 示意	
质量问题 描述	（1）横向裂缝：裂缝与道路中心线基本垂直，缝宽、缝长不一。 （2）纵向裂缝：裂缝走向基本与道路中心线平行，缝宽、缝长不一。 （3）网状裂纹：裂缝纵横交错，面层被分隔成若干多边形的小块
原因分析	（1）施工缝未处理好，接缝不紧密，结合不良。 （2）新老路基、填挖交界、桥涵两侧、管道回填等路基搭接部位不均匀沉降导致路面产生裂缝。 （3）半刚性水泥稳定碎石基层开裂引起的反射缝。 （4）在旧路面上加罩沥青面层后原路面上已有裂缝包括水泥混凝土路面的接缝的反射裂缝。 （5）路面结构层中夹有软弱层，结构承载力不足产生裂缝。 （6）沥青与沥青混合料质量差，延度低，抗裂性差。 （7）沥青层厚度不足，层间粘结不良
设计措施	（1）各结构层应有足够的强度、刚度与厚度。 （2）选用合适的材料与结构层。 （3）选用合适的施工工艺、设备及控制标准
预防措施	（1）合理组织施工，摊铺作业连续进行，减少冷接缝。冷接缝处理时，应先将已摊铺压实的边缘切割整齐、清除碎料，涂刷乳化沥青，然后再用热的混合料敷贴接缝处，使其预热软化后再摊铺新料并压实到位。

预防措施	（2）新老路基、填挖交界、桥涵台背、沟槽回填等路基搭接部位应按要求施工处理到位，必要时进行加固处理。 （3）加强现场质量管控力度，确保每道分项工程合格。 （4）在旧路面加罩沥青路面结构层前，可铣削原路面后再加铺，或采用铺设土工布、格栅后再加铺，以延缓反射裂缝的形成。 （5）沥青路面摊铺前，对下卧层需认真检查，及时清除泥灰，处理好软弱层，保证下卧层稳定，摊铺前喷洒好粘层沥青。 （6）按要求对进场原材料取样送检，原材料符合设计及规范要求。 （7）沥青面层各层应满足最小施工厚度的要求，保证上下层良好连接
治理措施	（1）对于比较细的裂缝（2~5mm）可用改性乳化沥青灌缝。对于大于5mm的粗裂缝，可用SBS改性沥青灌缝。灌缝前，必须扩缝，清除缝内、缝边碎粒、垃圾，并使缝内干燥，灌缝后，表面撒粗砂或3~5mm石屑。 （2）对于网状裂缝，应先铣刨重铺；如果是下卧层承载力不足引起，则要把承载力不足的结构层及以上所有结构层均要铣刨重铺
推荐工艺	施工准备→备料→材料计量→搅拌→运输→摊铺→光面压路机初压→光面、胶轮压路机复压→光面压路机终压→检查验收
检测内容	施工前：沥青软化点、针入度、延度、黏附性；粗细集料筛分、密度、吸水率、针片状含量、压碎值、磨耗值、含泥量；目标配合比设计、生产配合比设计、生产配合比验证。 施工过程中：马歇尔、油石比、抽提集料筛分。 施工后：压实度、厚度、平整度、弯沉、渗水系数、抗滑构造深度
验收标准	/

3 道路附属工程

3.1 路缘石

3.1.1 路缘石失稳（表 3.1.1）

路缘石失稳 表 3.1.1

质量问题示意	
质量问题描述	平石沉陷、翻转或侧石沉陷不均、前倾后仰、顶面不平
原因分析	（1）路缘石基础压实度未达到设计或规范要求，产生不均匀沉降引发路缘石不均匀下沉，高低不平。 （2）路缘石坐浆不规范（底部未连续铺满），砂浆强度不足，安装不牢固。 （3）未按设计施工侧石靠背混凝土，采用砂浆堆码代替靠背混凝土或还土未按要求夯实。 （4）成品保护措施不利，绿化带或其他附属工程施工时，外力造成路缘石破坏、失稳
设计措施	路缘石基础坐落在路面基层上，路面基层施工边缘应超出路缘石边缘 5～10cm
预防措施	（1）路缘石基础应与道路基层结构相同，同时摊铺、同时碾压，压实度应达到规范要求。 （2）平石侧石应以干硬性砂浆铺砌，砂浆应饱满、厚度均匀。 （3）路缘石后座混凝土浇筑要立模连续浇筑，不得用砂浆堆砌；靠背后还土及时夯实，还土夯实宽度不宜小于 500mm，高度不宜小于 150mm，压实度不得小于 90%。 （4）加强成品保护，合理调度施工顺序

治理措施	对路缘石失稳路段，重新按照工艺流程进行安装
推荐工艺	施工准备（砂浆、混凝土配合比设计）→测量放样→先侧石、后平石安装（坐浆法、挂线施工）→立模浇筑靠背混凝土→还土夯实→勾缝→验收→检查验收
检测内容	施工前：砂浆、混凝土配合比试验。 施工过程中：砂浆、混凝土强度、路缘石基础压实度
验收标准	应符合《城镇道路工程施工与质量验收规范》CJJ 1—2008 第 16.1.5 条、第 16.1.7 条、第 16.1.8 条、第 16.1.9 条、第 16.11.1 条的要求

3.1.2 线型不顺（表 3.1.2)

线型不顺 表 3.1.2

质量问题示意	
质量问题描述	路缘石不顺，线型不协调、不美观
原因分析	(1) 路缘石加工尺寸偏差大、成品规格不统一，转弯处未做定型弯道缘石。 (2) 安装时未同时顾及路缘石直顺度、立面垂直度和顶面水平度。 (3) 路缘石铺底砂浆或靠背混凝土施工不规范
设计措施	设计图纸明确转角定型路缘石的尺寸规格型号，平直段路缘石尺寸长度控制在 0.6～0.9m

预防措施	（1）加强路缘石进场验收，要求弯道石采用定型材料。 （2）路缘石的安装采取"双线法"控制，并定位好路缘石的控制桩，直线段桩距宜为 10～15m，曲线段桩应做加密处理，安装完成后对平石侧石高程进行复核。 （3）路缘石应以干硬性砂浆铺砌，砂浆应饱满、厚度均匀，侧石安装调直后及时浇筑靠背混凝土
治理措施	线型不顺处采取局部调整或返工处理
推荐工艺	施工准备（产品定制）→测量放样→安装路缘石（先曲线、后直线坐浆法施工）→立模浇筑混凝土靠背→填土夯实→勾缝→检查验收
检测内容	施工前：路缘石强度、外观质量、尺寸。 施工过程中：线型偏差、高程。 施工后：线型偏差、高程
验收标准	应符合《城镇道路工程施工与质量验收规范》CJJ 1—2008 第 16.1.5 条、第 16.1.6 条、第 16.1.7 条、第 16.1.8 条、第 16.11.1 条的要求

3.2 人行道

3.2.1 不均匀沉降（表 3.2.1）

不均匀沉降 表 3.2.1

质量问题示意	
质量问题描述	人行道板砖局部下沉，出现坑洞、积水现象
原因分析	（1）人行道路基不均匀沉降引起人行道的局部沉降。 （2）人行道上管线及管线井周回填不密实。 （3）砂浆松散，未压实，人行道砖铺砌完成后沉降

设计措施	人行道铺装面层应平整、抗滑、耐磨、美观。基层材料应具有适当强度，处于潮湿地带、冰冻地区时应采用水稳定性好的材料
预防措施	（1）全断面、全路幅路基同步施工，等强度压实。 （2）人行道上管道及井周应采用合格的材料分层回填压实到位。 （3）人行道铺筑时保证砂浆强度，施工时密实平整
治理措施	挖除沉陷段软弱材料直至硬底，采用合格材料分层回填至面砖底，重新铺筑面砖
推荐工艺	施工准备（产品定制检测）→测量放样→安装路缘石（先曲线、后直线坐浆法施工）→立模浇筑靠背混凝土→填土夯实→勾缝→检查验收
检测内容	施工前：砂浆配合比、面砖强度、吸水率、尺寸。 施工过程中：砂浆强度。 施工后：高程
验收标准	应符合《城镇道路工程施工与质量验收规范》CJJ 1—2008 第 13.2.2 条、第 13.4.1 条、第 13.4.2 条的要求

3.2.2 路面砖与检查井或其他设施衔接不顺（表 3.2.2）

路面砖与检查井或其他设施衔接不顺　　　　　表 3.2.2

质量问题示意	
质量问题描述	铺筑路面砖高于或低于检查井，或与检查井及周边构筑物衔接不平顺
原因分析	路面砖与其他市政设施衔接面高程不一致
设计措施	设计采用隐形井盖、井座，井盖、井座表观与周围一致，减少视觉差
预防措施	市政、公用等设施的主管部门应进行有效协调与统筹，确保各项设施高程统一，衔接平顺

治理措施	对于影响行人通行的高出地面的构筑物应降低高程，保证平顺
推荐工艺	调整固定井盖标高→套边切割人行道砖→排砖→安装井边人行道砖→大面积铺砌安装→检查验收
检测内容	施工前：砂浆配合比、面砖强度、吸水率、尺寸。 施工过程中：砂浆强度。 施工后：高程
验收标准	应符合《城镇道路工程施工与质量验收规范》CJJ 1—2008 第 13.2.2 条、第 13.4.1 条、第 13.4.2 条的要求

3.2.3 线型不顺（表 3.2.3）

线型不顺 表 3.2.3

质量问题 示意	
质量问题 描述	人行道铺面板纵向不成列，横向不成行，缝宽不统一
原因分析	（1）预制板平面尺寸偏差大。 （2）未挂线铺砖施工。 （3）铺装面板基底沉降滑移
设计措施	设计人行道宽度及面砖尺寸应符合模数，设计统筹考虑
预防措施	（1）严格控制预制板成品质量，专人负责质量检查，及时采取措施纠偏。 （2）施工前，应对面砖进行总体布局，排好模数；施工时，应进行挂线按模数施工；同时施工时用橡胶锤锤击面砖确保受力均匀、平整，确保铺砌位置准确。 （3）控制基层平整度、压实度，满足要求后方可进行面砖铺设
治理措施	（1）由于预制成品尺寸偏差大引起的线形不顺，应按原结构调换合格的产品。 （2）因施工操作不当未达到顺直要求，返工重新铺设

推荐工艺	施工准备（产品定制、面砖排模数）→浇筑人行道垫层→排砖（模数控制）→铺设标准砖→挂线铺砖→扫缝→检查验收
检测内容	施工前：砂浆配合比、面砖强度、吸水率、尺寸。 施工过程中：砂浆强度。 施工后：高程
验收标准	应符合《城镇道路工程施工与质量验收规范》CJJ 1—2008 第 13.2.2 条、第 13.4.1 条、第 13.4.2 条的要求

3.2.4 面砖松动（表3.2.4）

面砖松动
表3.2.4

质量问题示意	
质量问题描述	人行道砖松动、翘曲、开裂
原因分析	（1）人行道砖在铺筑前基底及砖未浇水湿透，砌筑砂浆过干、过湿或已初凝，影响上下层粘结。 （2）人行道砖铺筑时，砂浆铺筑不饱满及不平整，未用橡胶锤锤击面砖而使其均匀一致，地面四周不密实产生空洞。 （3）铺装完成后未扫缝填充。 （4）铺筑完成后未及时养护，成品保护未到位
设计措施	基层强度满足设计要求，平整度满足设计要求
预防措施	（1）人行道砖在铺筑前，基底及砖必须浇水湿透；施工过程中砂浆严格按配合比进行拌合，做到随拌随用，避免过干或过湿。 （2）加强铺筑过程中质量控制，保证砂浆铺筑饱满、平整。 （3）施工完成后采用中粗砂进行扫缝填充。 （4）加强成品保护，施工完成后及时养护及围护警示

治理措施	凿除松动的面砖，并凿去1~2cm的粘结层，再重新铺装面砖
推荐工艺	产品定制→基层验收→浇筑人行道垫层→排砖（模数控制）→铺设标准砖→挂线铺砖→扫缝→检查验收
检测内容	施工前：砂浆配合比、面砖强度、吸水率、尺寸。 施工过程中：砂浆强度。 施工后：高程
验收标准	应符合《城镇道路工程施工与质量验收规范》CJJ 1—2008 第13.2.2条、第13.4.1条、第13.4.2条的要求

3.3 无障碍设施

3.3.1 盲道不连续、指示不明（表3.3.1）

盲道不连续、指示不明　　　　　　　　　　表3.3.1

质量问题示意	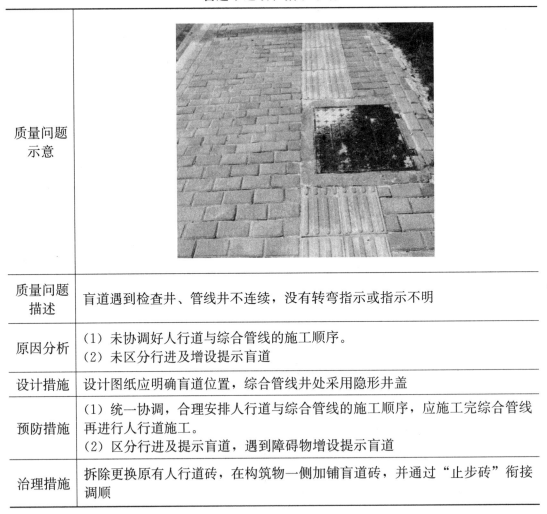
质量问题描述	盲道遇到检查井、管线井不连续，没有转弯指示或指示不明
原因分析	(1) 未协调好人行道与综合管线的施工顺序。 (2) 未区分行进及增设提示盲道
设计措施	设计图纸应明确盲道位置，综合管线井处采用隐形井盖
预防措施	(1) 统一协调，合理安排人行道与综合管线的施工顺序，应施工完综合管线再进行人行道施工。 (2) 区分行进及提示盲道，遇到障碍物增设提示盲道
治理措施	拆除更换原有人行道砖，在构筑物一侧加铺盲道砖，并通过"止步砖"衔接调顺

推荐工艺	产品定制→基层验收→浇筑人行道垫层→排砖（模数控制）→铺设标准砖→挂线铺砖→扫缝→检查验收
检测内容	施工前：砂浆配合比、面砖强度、吸水率、尺寸。 施工过程中：砂浆强度。 施工后：高程
验收标准	应符合《城镇道路工程施工与质量验收规范》CJJ 1—2008 第 13.2.6 条、第 13.2.7 条、第 13.4.1 条、第 13.4.2 条的要求

3.3.2 无障碍坡口不顺（表 3.3.2）

无障碍坡口不顺　　　　　　　　　　　　　表 3.3.2

质量问题示意	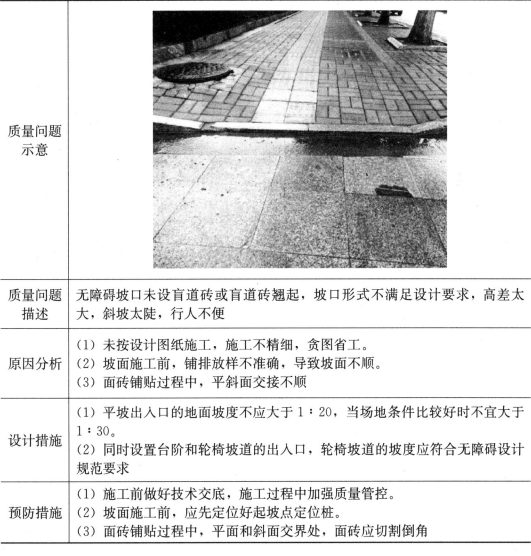
质量问题描述	无障碍坡口未设盲道砖或盲道砖翘起，坡口形式不满足设计要求，高差太大，斜坡太陡，行人不便
原因分析	（1）未按设计图纸施工，施工不精细，贪图省工。 （2）坡面施工前，铺排放样不准确，导致坡面不顺。 （3）面砖铺贴过程中，平斜面交接不顺
设计措施	（1）平坡出入口的地面坡度不应大于 1：20，当场地条件比较好时不宜大于 1：30。 （2）同时设置台阶和轮椅坡道的出入口，轮椅坡道的坡度应符合无障碍设计规范要求
预防措施	（1）施工前做好技术交底，施工过程中加强质量管控。 （2）坡面施工前，应先定位好起坡点定位桩。 （3）面砖铺贴过程中，平面和斜面交界处，面砖应切割倒角

治理措施	拆除更换原有人行道砖，按照图纸、图集要求施工无障碍坡口
推荐工艺	施工准备→定位好起坡点定位桩→排砖→切割加工人行道砖→铺砌安装人行道砖→检查验收
检测内容	施工前：砂浆配合比、面砖强度、吸水率、尺寸。 施工过程中：砂浆强度。 施工后：高程
验收标准	应符合《城镇道路工程施工与质量验收规范》CJJ 1—2008 第 13.2.7 条、第 13.4.1 条、第 13.4.2 条的要求

3.4 浆砌片石挡土墙

3.4.1 砌筑空洞、通缝（表 3.4.1）

砌筑空洞、通缝 表 3.4.1

质量问题示意	
质量问题描述	浆砌墙体时石块搭接不到位且石块间砂浆不饱满、孔洞较多，浆砌石块摆砌不正确
原因分析	（1）大块石之间未用小片石填塞，或未把大块石棱角敲去。 （2）采用层铺法施工，砂浆水灰比过小，流动性差，石块之间缝隙过小的地方灌不进浆。 （3）砌筑时片石搭配不当，施工过程中未控制搭接长度、错缝长度等关键性砌筑要素
设计措施	（1）砌筑用片石应采用机械破碎至满足设计及规范要求。 （2）砌块强度、规格、材质应符合设计规定，上下两层切块应错缝，避免通缝；砂浆强度不小于 M10

预防措施	(1) 立缝和石块间的空隙须用砂浆填塞密实，大的空隙采用小片石填塞，以确保石块完全密实的被砂浆包裹。 (2) 浆砌块、片石应采用坐浆法砌筑，不得采用层铺法或干砌灌浆法施工。 (3) 严格选料，砌筑前做好片石的搭配，砌筑过程中应注意对搭接长度、错缝长度等关键性要素的控制，确保砌筑的整体性和牢固性
治理措施	(1) 局部存在孔洞的，可采用补注浆工艺。 (2) 孔洞过多，砂浆不饱满，严重影响使用功能的，应予以拆除返工
推荐工艺	施工准备（测量放线）→沟槽开挖→基底承载力检测→测量放线→施工垫层→码砌块石→小石头嵌缝→坐浆灌缝→下层施工→检查验收
检测内容	施工前：基底承载力检测、石块强度；砂浆配合比。 施工过程中：砂浆强度
验收标准	应符合《城镇道路工程施工与质量验收规范》CJJ 1—2008 第 14.4 条、第 15.4.1 条、第 15.6.3 条的要求

3.4.2 泄水管堵塞（表 3.4.2）

泄水管堵塞 表 3.4.2

质量问题示意	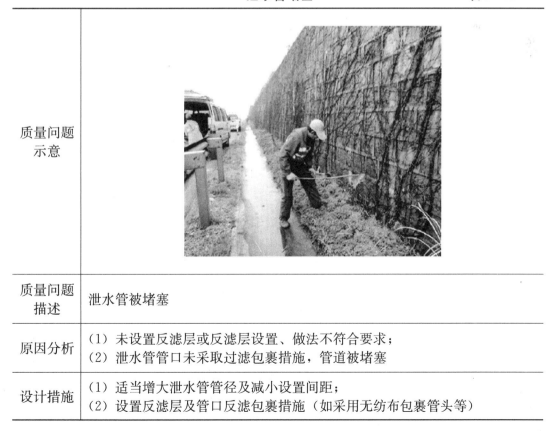
质量问题描述	泄水管被堵塞
原因分析	(1) 未设置反滤层或反滤层设置、做法不符合要求； (2) 泄水管管口未采取过滤包裹措施，管道被堵塞
设计措施	(1) 适当增大泄水管管径及减小设置间距； (2) 设置反滤层及管口反滤包裹措施（如采用无纺布包裹管头等）

预防措施	（1）按照设计要求做好反滤层，尤其注重对反滤层材料的控制及填筑过程中避免混料。 （2）在反滤层与回填料之间应用透水土工织物（土工布）加以隔离，以防泥砂进入反滤层堵塞泄水孔
治理措施	由专业设备、专业人员负责疏通；重新增设泄水孔；更换台背反滤层填料
推荐工艺	挡土墙强度达标→墙背分层回填至泄水孔位置→回填粗集料→回填细集料→外包土工布→回填透水性材料→检查验收
检测内容	施工前：反滤层填料含泥量检测
验收标准	应符合《城镇道路工程施工与质量验收规范》CJJ 1—2008 第 15.1.4 条、第 15.6 条的要求

4 排水管道工程

4.1 管道安装

4.1.1 刚性管道连接错口、平接口抹带开裂、空鼓、脱落（表4.1.1）

刚性管道连接错口、平接口抹带开裂、空鼓、脱落　　表4.1.1

质量问题示意	
质量问题描述	（1）管道连接不紧密，不牢固，相邻管接口有错口或缝隙现象。 （2）刚性接口钢丝网水泥砂浆抹带宽度、厚度不符合要求，有开裂、空鼓、脱落现象
原因分析	（1）基底承载力不满足要求且未进行处理，导致基础沉降不均匀。 （2）基底未平整或未作垫层，造成管口错口。 （3）混凝土基础未按设计要求施工，管底缺乏基础支撑。 （4）管道放线、吊装、接管等操作不当，放线不准、管道安装中未及时复测和纠偏，完成后未及时检查、纠正。 （5）未采取有效拉紧管节或稳管措施，导致管节插口未完全插入承口或后期管节滚动，造成相邻管节之间连接不紧密。 （6）混凝土管接口砂浆抹带时，管道接口未充分清理、湿润，缝隙内砂浆未嵌实，或未分层抹灰，未铺设钢丝网片，或网片两端未插入管座
设计措施	（1）钢筋混凝土管道采用企口管或承插管，杜绝采用平口管。 （2）尽量采用合格的复合管。 （3）设计采用刚柔结合的接口形式。 （4）管道基础按图纸施工，连接处可采用混凝土包封
预防措施	（1）基础开挖后及时进行地基承载力检测，若不满足要求，进行基础处理，复测合格后，再进行下道工序施工。 （2）基底整平后再按设计要求施作垫层。

预防措施	（3）严格执行技术交底及培训制度，加强现场管理，严格要求按照标准工艺、设计及规范要求施工混凝土管座及安装管道，并及时检查、纠正。 （4）管道安装时，管道管口对准，管节连接紧密后及时采取稳管措施，防止管道滚动。 （5）抹带前对管道接口进行凿毛、清理、湿润，缝隙内用砂浆嵌实，分层抹灰，铺设钢丝网片，完成后及时湿润养护
治理措施	（1）针对管道接口纵向间隙过大，对尚未浇筑混凝土管座的管道，重新对管节进行拉紧或顶紧。 （2）对已浇筑混凝土管座的管道，管材接口处先采用沥青麻絮填塞，然后用混凝土满包接口部位。 （3）针对管道接口抹带不规范现象，进行返工处理，按照设计要求重新进行抹带施工
推荐工艺	（1）刚性管道安装。 测量放线→沟槽开挖和支护→基底检测及处理→管道基础施工→管道安装→拉紧管节（保证连接紧密）→检查、纠正管节、稳管→侧壁护管施工→接口抹带及养护→检查验收。 （2）钢筋混凝土管道接口抹带。 凿毛→清理管口外壁并湿水→施作水泥砂浆抹带底层→安装钢丝网→施作水泥砂浆抹带面层→抹带面层压光、切边→养护→检查验收
检测内容	施工前：砂浆配合比、混凝土管外压荷载试验。 施工过程中：砂浆强度。 施工后：管道高程、轴线、闭水试验
验收标准	应符合《给水排水管道工程施工及验收规范》GB 50268—2008 第 5.6.9 条、第 5.7.2 条、第 5.9.3 条、第 5.10.7 条的要求

4.1.2 管道变形、破损、线形不顺（表 4.1.2）

管道变形、破损、线形不顺　　　　　　　　　　表 4.1.2

质量问题 示意	

质量问题描述	管道变形、破损、线形不顺
原因分析	（1）管顶以上覆土厚度不足，使用重型机械压实，由于机械的自重或震动冲击，超过了管体所能承受的安全外压荷载，造成管体变形过大。 （2）管道。沟槽回填土时，只回填管道一侧，或两侧填筑高差太大，使管道单侧受力造成管道向一侧推移变形。 （3）钢筋混凝土管道未采取有效的稳管措施，护管混凝土浇筑时浇筑速度过快，落差过大，混凝土坍落度偏高；受混凝土挤压及浮力影响，已安装好的管道偏移、上浮
设计措施	（1）考虑管材施工现场实际，混凝土管道强度设计等级应适当加大安全系数。 （2）设计中提出管道相关技术指标，以便于控制采购质量
预防措施	（1）严格控制管道采购质量，确保管材实际强度等指标满足要求，回填中不得含有大于5cm的碎砖、石块及大于10cm的冻土块；管座混凝土强度要达到5MPa以上方可进行管道回填施工。 （2）管道两侧和管顶以上500mm范围内的回填材料，根据每层虚铺厚度的用量由沟槽两侧对称运入槽内，不得直接回填在管道上。 （3）胸腔及管顶以上50cm范围内填土时，应做到分层回填，两侧同时回填夯实，其高差不得超过10cm。 （4）管道两侧和管顶以上500mm范围内胸腔夯实，应采用轻型压实机具，管顶500mm以上部位，可用机械从管道轴线两侧同时夯实；每层回填高度应不大于200mm。 （5）护管混凝土浇筑前，应对管道采取稳固措施，浇筑时，应严格控制混凝土坍落度，混凝土宜紧贴管道从管道中心处两侧同时分层浇筑，避免管道受混凝土冲击偏移上浮
治理措施	（1）对管道的轴线偏位严重、管体破裂的问题，应会同设计、建设、监理单位共同研究处治方法，影响使用功能的应返工重做。 （2）管道轻微破损、变形，尚可满足使用要求的，可采用内补法进行修复。 （3）回填土夯实造成的管带接口、管材保护层的损坏应及时修复
推荐工艺	钢筋混凝土管道：管道安装→稳管加固→浇筑护管混凝土→管道接口抹带→对称分层回填夯实（管顶500mm以下部分应采用轻型压实机具）→检查验收
检测内容	施工前：基底承载力、碎石（砂砾石）含泥量、级配碎石（砂砾石）配合比。 施工过程中：压实度
验收标准	应符合《给水排水管道工程施工及验收规范》GB 50268—2008第4.6.3条、第5.6条、第5.10.7条、第5.10.8条、第5.10.9条的要求

4.1.3 管道与检查井连接处渗水、接口插入井内过长或过短（表4.1.3）

管道与检查井连接处渗水、接口插入井内过长或过短　　**表4.1.3**

质量问题示意	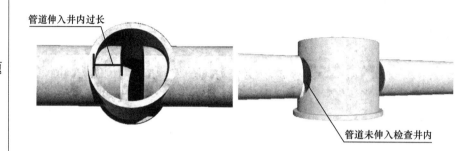
质量问题描述	（1）混凝土管道接口插入井内过长或过短。 （2）砖砌检查井道与管道连接处砂浆不饱满、不密实，有渗水现象。 （3）现浇混凝土检查井与管道连接处振捣不密实，有渗水现象
原因分析	（1）管道安装前未提前计划统筹管节节数，管道伸入井内长度过长时未锯断多余部分，管道过短时未进行接长处理。 （2）砖砌检查井砂浆配合比不符合要求，砖块未充分湿润，砖块与砂浆间连接不紧密，砌体间砂浆不饱满；砖砌检查井时，工人操作不仔细，管道连接处空隙未用砂浆填充密实。 （3）钢筋混凝土检查井施工时为防止接口处漏浆或跑模，有意减轻振捣强度，导致接口处混凝土振捣不密实
设计措施	（1）检查井按标准图集施工，部分管道露出采用混凝土包封。 （2）设计柔性管道与井室刚性连接时，按规范必须设置刚柔连接过渡措施。 （3）设计尽量采用钢筋混凝土现浇井室
预防措施	（1）严格执行技术交底培训制度，加强现场管理。 （2）排水管道接入检查井时，管口外缘与井内壁平齐；接入管径大于300mm时，对于砌筑结构井室应砌砖圈加固。 （3）砖砌检查井应提前将砖块泡水湿润，采用符合要求的砂浆并做到砂浆饱满，以保证砂浆与砖之间粘结紧密。 （4）钢筋混凝土检查井与管道相接处模板安装应严密，接口处混凝土应振捣密实
治理措施	（1）对于管道未完全插入检查井：设计调整检查井下部长度或宽度，确保管道按规范插入井室，或设置与管道规格匹配的钢筋混凝土暗井进行过渡接长。

治理措施	（2）管道已插入井室深度不足的，管道与检查井连接处外部采用与检查井同等级混凝土满包进行结构和防渗加强处理，满包宽度和厚度不小于检查井壁厚。 （3）对于管道插入检查井内过长：对混凝土管，尽量设计变更调整井位，对塑料或复合管，可锯断过长部分管道。 （4）对于连接处振捣不密实或砂浆不饱满：采用防渗砂浆填充密实或混凝土满包处理，严重者进行返工处理
推荐工艺	（1）先安管后浇混凝土检查井：垫层浇筑→管道安装→校正管长→钢筋绑扎→管口封堵→井底板浇筑→内模安装→外模安装→混凝土浇筑、养护→检查验收。 （2）先浇混凝土检查井后安管：垫层浇筑→钢筋绑扎→内模安装→预留管道孔装模→外模安装→检查井浇筑→检查井拆模、养护→管道安装→管道与检查井连接处灌浆封堵→检查验收。 （3）砖砌检查井：砖块湿润→砂浆拌制→垫层浇筑→铺浆、摆砖砌筑→内外抹面→检查验收
检测内容	施工前：混凝土配合比、砂浆配合比、钢筋性能。 施工过程中：混凝土强度、砂浆强度
验收标准	《给水排水管道工程施工及验收规范》GB 50268—2008 第 8.2.2 条、第 8.2.3 条、第 8.2.4 条的要求

4.2 管道回填

4.2.1 回填位置沉陷（表 4.2.1）

回填位置沉陷 表 4.2.1

质量问题示意	

质量问题描述	管周出现沉陷现象，后期路面发生相应沉陷或路基出现空洞
原因分析	(1) 回填料不符合要求，回填砂级配不合理、含泥量偏高，回填土携带大粒径石块、砖块、淤泥质土等杂物。 (2) 回填料基本是整车倾倒入沟槽，未严格控制回填分层厚度，超厚回填。 (3) 地表水或地下水流入槽内，未采取有效降排水措施，积水不经排净即行回填，导致回填材料含水率偏大，无法达到压实度要求。 (4) 沟槽壁及已回填段端头等搭接部位未挖台阶处理，边角部位漏压，碾压不到位。 (5) 压实机具及压实遍数不符合要求，导致压实度不合格
设计措施	(1) 采用自密性符合规范要求的透水性材料进行回填。 (2) 对回填和验收指标进行明确。 (3) 分段设计沟槽砂砾阻隔设施
预防措施	(1) 选用符合设计及规范要求的回填材料，严格执行原材料进场验收制度。 (2) 回填料下料过程进行控制，杜绝整车倾倒方式，在检查井或沟槽壁上做好每层回填厚度标记，严格进行分层回填，每层厚度宜控制在 15～20cm。 (3) 严禁带水回填，回填时，应做好降排水措施，防止回填过程中积水导致回填材料含水率偏大，导致碾压不密实。 (4) 沟槽壁及已回填段端头等搭接部位应挖台阶处理，台阶宽度放坡开槽位置不小于 80cm，直槽时不小于 50cm，安装井点设备时不小于 150cm。 (5) 采用符合要求的压实机具进行压实，压实遍数应满足要求
治理措施	重新进行碾压并检测压实度，如仍不合格，则进行返工处理或采用注浆加固处理
推荐工艺	回填料取样送检（合格填料）→清理槽内杂物、排干积水→标识分层标线→沟槽壁或已回填段端头挖台阶处理→对称分层回填（严格控制分层厚度）→碾压密实（选择合理的压实机具及碾压遍数）→压实度检测→检查验收
检测内容	施工前：基底承载力、碎石（砂砾石）含泥量、级配碎石（砂砾石）配合比。 施工过程中：压实度
验收标准	应符合《给水排水管道工程施工及验收规范》GB 50268—2008 第 4.5 条、第 4.6.3 条的要求

4.3 检查井及回填

4.3.1 检查井基础破坏 (表 4.3.1)

检查井基础破坏 表 4.3.1

质量问题示意	
质量问题描述	检查井基础开裂、破坏
原因分析	(1) 基底承载力不足，未采取换填或其他有效处理措施。 (2) 带水浇筑基础混凝土，导致混凝土离析或混凝土原材料不合格等其他原因导致基础混凝土强度不足，承载力低。 (3) 有意或受其他限制减小基底厚度。 (4) 未按设计制作安装检查井基础钢筋，导致基础抗剪力低
设计措施	(1) 结合路面荷载及井室深度情况，尽量采用钢筋混凝土现浇或预制拼装井室，增强井室整体强度。 (2) 检查井基础设计厚度、强度适当提高，基础底板结合井室结构荷载情况进行配筋，增强底板抗剪能力。 (3) 设计中对井室配筋、混凝土强度以及盖板钢筋强度、保护厚度控制提出具体设计指标要求
预防措施	(1) 提高管理人员质量意识，加强现场管理。 (2) 基坑开挖完成后进行基底承载力试验，符合要求的情况下及时施作检查井，防止受水浸泡；基底承载力不符合要求时采取换填或其他处理措施至满足要求。 (3) 采用符合要求的混凝土，基础混凝土浇筑前基坑应无积水，浇筑中应防止离析。 (4) 检查井垫层及基础严格按照设计要求施工
治理措施	对基底进行钻孔注浆加固处理，破坏严重者进行返工处理

推荐工艺	基坑开挖→基底承载力试验及处理→垫层浇筑→基础钢筋及井身预埋钢筋制作安装→基础混凝土浇筑→检查验收
检测内容	施工前：混凝土配合比、基底承载力。 施工过程中：混凝土强度
验收标准	应符合《给水排水管道工程施工及验收规范》GB 50268—2008 第 5.2.2 条、第 8.2.5 条及第 5.5.1 条的要求

4.3.2 井周掏空、坍塌与沉降（表 4.3.2）

井周掏空、坍塌与沉降 表 4.3.2

质量问题示意	
质量问题描述	井及井周路面有下沉、塌陷以及沥青面层出现裂缝的现象
原因分析	（1）采用了不符合要求的回填材料。 （2）井周路面结构层碾压不到位，回填不密实。 （3）检查井渗水导致井周被掏空，引起沉陷坍塌
设计措施	（1）在井圈基础周边配筋浇筑混凝土，采用抗渗混凝土井。 （2）设计尽量避免将井室设置于车道内，尤其是轮迹线下。 （3）按照国家或地方标准图集要求，进行检查井室周边回填设计。 （4）车行道下检查井，包括井筒尽量设计采用现浇或预制钢筋混凝土井。 （5）井筒与井盖之间的井圈基础周边配筋浇筑混凝土板，进行荷载分散，井周边对无法机械无法压实处采用素混凝土或砾石进行回填
预防措施	（1）严格采用设计要求的材料进行回填，做好原材料的进场检测工作，不符合要求的原材料坚决不予使用。 （2）井周回填前在井室外侧做好每层回填高度标记，回填时采用小型打夯机分层夯实到位。 （3）严格按设计要求对检查井进行防水处理

治理措施	对井室内壁采用防水砂浆抹面；井周路面沉降、塌陷处进行注浆加固处理或挖除重新施工处理
推荐工艺	井周大范围回填土→井周反开挖→分层回填易夯实材料→分层碾压密实→井圈底部死角 200mm 范围用素混凝土填充浇筑→井圈安装→检查验收
检测内容	施工前：基底承载力、碎石（砂砾石）含泥量、级配碎石（砂砾石）配合比。 施工过程中：压实度
验收标准	应符合《给水排水管道工程施工及验收规范》GB 50268—2008 第 4.5.3 条、第 4.6.3 条的要求

4.3.3　井盖松动（表 4.3.3）

井盖松动　　　　　　　　　　　　　　　　　表 4.3.3

质量问题示意	
质量问题描述	检查井井盖松动、翻转或丢失
原因分析	(1) 井盖与支座间未垫橡胶垫圈，中间存在空隙。 (2) 井盖与支座间未用防盗栓及销轴固定或后期固定销轴脱落
设计措施	(1) 设计中提出对井盖形式及相关采购指标要求。 (2) 设计尽量避免将井室设置于车道内，尤其是轮迹线下。 (3) 使用防沉降井盖，设置防坠设施
预防措施	(1) 井盖安装前应在支座上安装橡胶垫圈。 (2) 井盖与支座间应用销轴连接固定。 (3) 井盖安装完成后应及时插入防盗栓固定井盖

治理措施	对于轻微松动，重新在支座上更换安装橡胶垫圈，插入防盗栓固定井盖。如严重松动，应对井圈及井盖挖出重新安装
推荐工艺	井圈及井盖安装→连接销轴拧紧→支座上安装橡胶垫圈→井盖闭合、卡紧→插入防盗栓→检查验收
检测内容	施工前：井盖承载能力
验收标准	应符合《给水排水管道工程施工及验收规范》GB 50268—2008 第 8.2.9 条、第 8.5.1 条及设计要求

4.3.4　检查井挤压、破坏（表 4.3.4）

检查井挤压、破坏　　　　　　　　　　　　　表 4.3.4

质量问题示意	
质量问题描述	检查井受挤压破坏坍塌
原因分析	（1）检查井回填碾压时强度未达到设计要求。 （2）井周回填时碾压机械选型不当。 （3）检查井回填时未分层对称碾压。 （4）井盖标高未按设计控制，标高偏差超允许误差，超出路面标高
设计措施	（1）设计尽量避免将井室设置于车道内，尤其是轮迹线下。 （2）车行道下检查井，包括井筒尽量设计采用现浇或预制钢筋混凝土井。 （3）设计中对井室基础、回填、材料、强度等提出设计要求
预防措施	（1）检查井强度达到要求后方可进行回填施工。 （2）检查井井周 50～100cm 范围内采用小型夯实机具进行夯实。 （3）检查井井周应分层对称回填压实。 （4）严格按设计要求控制井盖标高

治理措施	挖除后重新施工处理
推荐工艺	井周大范围回填土→井周反开挖→分层回填易夯实材料→分层碾压密实→井圈底部死角 200mm 范围用素混凝土填充浇筑→井圈安装→检查验收
检测内容	施工前：砂浆配合比、混凝土配合比、透水性材料含泥量。 施工过程中：压实度，砂浆强度，混凝土强度检测
验收标准	应符合《给水排水管道工程施工及验收规范》GB 50268—2008 第 8.2.9 条、第 8.5.1 条规定及设计要求

5 综合管廊工程

5.1 管廊主体结构

5.1.1 施工缝、变形缝渗漏水（表5.1.1）

施工缝、变形缝渗漏水　　　　　　　表5.1.1

质量问题示意	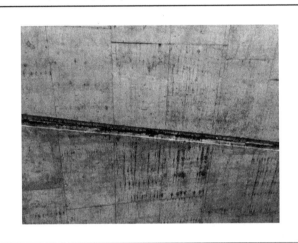
质量问题描述	综合管廊的施工缝、变形缝部位有水渍、有水滴落或者是形成流水的现象
原因分析	（1）止水带质量不合格，或是施工过程中损坏止水带。 （2）预埋止水钢板、橡胶止水带未埋置或者位置偏差，未加固稳定。 （3）止水钢板未无缝对接、满焊，橡胶止水带搭接长度不足或者搭接不牢。 （4）施工缝处旧混凝土表面凿毛不到位，接缝处混凝土漏振或振捣不密实。 （5）填缝前基面未清理干净或潮湿，填缝材料不符合要求，填缝不密实、未加固稳定。 （6）管廊预制拼装时，拼缝处橡胶圈损坏或者未设置橡胶圈，拼缝处错台或因不均匀沉降导致拼缝渗漏水。 （7）节段间不均匀沉降导致止水带撕裂，形成渗水通道
设计措施	（1）将管廊防水设计作为重点，进行完善可靠的防水设计，并结合施工缝、沉降缝分别采取相应的防水措施。 （2）管廊采用可靠的混凝土结构自防水与外部防水结合的方式。

设计措施	（3）施工缝、变形缝处在常规外防水方式之外进行适度加强，用适用的防水材料与防水做法。 （4）对管廊基础承载力及基础处理在设计中进行明确。 （5）设计中对防水施工工艺及材料选用进行明确和要求
预防措施	（1）材料进场时进行验收，按要求取样送检，保证使用合格的材料。施工过程中加强对止水带的成品保护，避免损坏。 （2）橡胶止水带搭接长度要满足设计要求，搭接处宜设置在侧墙中上部；严禁在橡胶止水带上钉钉子、穿铁丝等固定；橡胶止水带的气泡应放置在沉降缝的中间，并采用填缝封堵。 （3）止水钢板搭接长度符合规范要求，采用满焊处理、居中放置；橡胶止水带应采用热熔连接或其他方式搭接牢固，或使用闭合的整体式止水带。 （4）应注重对新旧混凝土搭接面的旧混凝土表面的凿毛处理，加强对施工缝两侧尤其是止水带下部混凝土的振捣，确保混凝土振捣密实。 （5）嵌填密封材料的缝内两侧基面应平整、洁净、干燥，并应涂刷基层处理剂；嵌缝底部应设置被衬材料，密封材料嵌填应严密、连续、饱满、粘结牢固。 （6）管廊预制拼装时严格控制拼装质量，拼缝处应按设计要求设置好胶圈等止水措施。 （7）对于地基承载力不符合要求的地段，应采取有效的地基处理方式，保证地基承载力符合设计要求，防止两节段间不均匀沉降，导致止水带撕裂，形成渗水通道
治理措施	（1）施工缝渗水治理 1）对于微小的渗水面，采用涂刷水泥基渗透结晶型防水材料，让渗透性强的结晶体填满渗水部位细小的渗水通道。 2）对于渗水较严重、缝隙较大的施工缝，采用微损注浆的方式治理。采用针孔斜侧钻孔法灌注低黏度耐水耐潮湿型改性环氧灌浆料，堵漏的同时补强加固。 （2）变形缝渗水治理 1）当裂缝较窄渗水较小时，直接用环氧树脂进行灌浆处理；当裂缝较宽渗水较严重时，采用钻孔法。 2）在墙背进行注浆处理
推荐工艺	施工缝：止水钢板（橡胶止水带）定位（居中）→固定（搭接宽度符合设计要求）→焊接（双面满焊）→钢筋、模板检查验收→混凝土浇筑（振捣密实）→检查验收。 变形缝：表面基层清理、修整→喷涂基层处理剂→变形缝内填充材料（填充聚乙烯泡沫板或沥青麻絮）→附加层防水层（防水卷材）→变形缝顶部铺加盖板（混凝土或不锈钢盖板）→清理与检查修理→检查验收

检测内容	（1）施工前 1）橡胶止水带：硬度、拉伸强度、断裂伸长率、压缩永久变形、撕裂强度、热空气老、硬度变化、拉伸强度、断裂伸长率。 2）止水钢板：拉伸强度、拉断伸长率、撕裂强度、断后伸长率、冷弯性能、热空气老化、硬度变化、拉伸强度、断裂伸长率。 （2）施工过程中：混凝土坍落度检测
验收标准	应符合《地下防水工程质量验收规范》GB 50208—2011 第 5.1 条、第 5.2 条、《城市综合管廊工程技术规范》GB 50838—2015 第 9.1.5 条的要求

5.1.2 主体结构节段间沉降超过设计要求（表 5.1.2）

主体结构节段间沉降超过设计要求   表 5.1.2

质量问题示意	
质量问题描述	相邻节段间出现不均匀沉降，导致节段间出现高差
原因分析	（1）设计中基底钻探不到位，地基承载力不足处事前不明，未做加固处理设计，沉降缝设置不合理，引起相邻节段不均匀沉降。 （2）基底不良地质段地基处理不到位，导致结构物成型后，地基不均匀下沉。 （3）结构物因尺寸不同、自重不一，地基承受荷载不一，导致不均匀沉降
设计措施	（1）结合埋设深度、地面荷载、地质情况、构筑物本体设计要求，对管廊地基承载力做详细要求。 （2）根据地勘资料，在设计中提出不同地质采取不同的地基处理措施。 （3）设计中对于不同尺寸结构物的过渡段，尤其是节点段与标准段之间的地基进行特殊加强处理

预防措施	（1）地勘报告力求准确、可靠。施工前进行补勘，地基开挖后，针对软弱地层或地质突变处，重新加固设计。 （2）基底不良地质段，当软弱层较浅时应挖除全部软弱层，换填碎石、砂砾石或者优质土。当软弱层较深时，采用其他地基处理方式，确保地基承载力达到设计要求。 （3）施工过程中，快开挖至设计标高时留 30cm 土层采用人工开挖，减少对原状土的扰动，保持原状结构；如基底已扰动，应挖除已扰动土层，然后铺一层中粗砂，再铺碎石等；对于不同尺寸、自重不一的相邻结构物的过渡段的地基进行针对性处理
治理措施	当综合管廊主体节段沉降超过允许值时，在质量缺陷段处钻孔，采用高压注浆设备，对地基进行注浆加强处理
推荐工艺	施工准备（对地质有不同意见处，可进行补勘）→基坑开挖（预留 30cm 人工开挖）→地基承载力检测（不符合要求处采用合理有效的方法进行地基处理）→检查验收
检测内容	施工过程中：基底地基承载力检测
验收标准	应符合《城市综合管廊工程技术规范》GB 50838—2015 第 9.2.6 条的要求

5.1.3 预埋件埋设尺寸、位置偏差大，预埋件松动、变形等（表5.1.3）

预埋件埋设尺寸、位置偏差大，预埋件松动、变形等　　　　表 5.1.3

质量问题示意	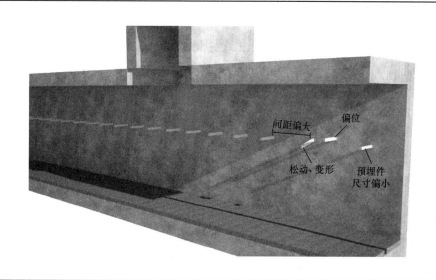
质量问题描述	综合管廊的预埋件埋设施工质量通病主要包括预埋件尺寸、位置偏差大，预埋件松动、变形等

原因分析	(1) 预埋件加工形状、尺寸不准确，安装时定位不准确。 (2) 施工过程中，预埋件未固定或者固定不牢，或者振动棒接触预埋件导致位移或预埋件变形。 (3) 施工过程中，因成品保护不到位，产生变形、松动
设计措施	(1) 对预埋件安装位置、固定预埋件螺栓的埋入深度、预埋件的材质进行规定。 (2) 尽量采用可调节式预埋件或后置式预埋件。 (3) 加快设备采购及管线设计程序，便于在设计中对预埋件安装位置、固定预埋件螺栓的埋入深度、预埋件的材质中进行详细规定
预防措施	(1) 预埋件下料前先制作预埋件清单表、预埋件定位表，仔细交叉检查，做到不漏不错。 (2) 预埋件安装前进行检查，使用形状、尺寸合格的预埋件。 (3) 预埋件制作时推行首件样板制，其余预埋件都按照样板进行施作。 (4) 预埋件定位按照预埋件定位表进行，定位完成后进行技术复核，确保平面位置、标高等准确无误。 (5) 预埋件安装时应固定牢固，可能的情况下与钢筋焊接，当预埋件是管件或者盒件时，应注意封堵管口，防止混凝土或者杂物进入预埋件内。 (6) 浇筑混凝土时，加强对预埋件处的振捣，确保预埋件周围没有空洞，当预埋件周围尺寸较小时可采用水泥浆填充。混凝土振捣时避免振动棒触碰预埋件，造成预埋件位移或变形。 (7) 做好成品保护措施，混凝土强度不够前严禁扰动预埋件，不野蛮拆模，以免碰坏预埋件，严禁踩踏预埋件，以免变形松动
治理措施	(1) 当预埋件变形时，如经调整能安装，调整即可；如无法安装，则需要割除外露部分重新焊接预埋件。 (2) 预埋件下部空洞应采用水泥砂浆填实；对于松动的预埋件应重新加固处理
推荐工艺	施工准备（预埋件原材料验收、检测）→预埋件下料（制作预埋件定位表）→放样定位（在预埋件位置做好标记）→预埋件除锈→预埋（稳定、牢固）→检查验收→混凝土浇筑（避免振动棒碰触预埋件）→拆模（成品保护到位）→检查验收
检测内容	施工前：膨胀螺栓外形尺寸、预埋件原材尺寸、强度等。 施工后：抗拉拔试验
验收标准	应符合《混凝土结构工程施工质量验收规范》GB 50204—2015 第 4.2.9 条、第 5.5.3 条的要求

5.1.4 保护层厚度局部偏大或偏小（表5.1.4）

保护层厚度局部偏大或偏小　　　　　　　表 5.1.4

质量问题示意	
质量问题描述	保护层厚度局部偏大或偏小
原因分析	（1）钢筋下料、安装不准确，钢筋骨架整体偏位，或定位钢筋设置不到位，被踩踏变形、下沉，导致保护层厚度偏大或偏小。 （2）模板刚度不足，模板安装、固定不牢固，混凝土浇筑过程中跑模导致保护层厚度偏大或偏小。 （3）保护层垫块未采用统一规格垫块，厚度或数量不足，强度不足，安装过程中局部踩坏；绑扎不牢固，混凝土浇筑、振捣过程中，造成垫块移位、掉落
设计措施	设计定位钢筋或架立筋
预防措施	（1）钢筋下料安装力求准确，骨架偏差应控制在允许偏差范围之内；焊接定位钢筋，确保结构尺寸及保护层厚度。 （2）模板安装固定必须确保强度、刚度、稳定性，浇筑前应进行检查，浇筑过程中应注意复核。 （3）购买或制作强度达标、规格统一、厚度满足要求的垫块。 （4）钢筋保护层垫块应确保每平方不少于3个垫块。 （5）浇筑混凝土前，应检查钢筋位置和保护层厚度是否准确，垫块绑扎是否牢固，发现问题应及时修整。 （6）浇筑过程中，如有垫块移位造成骨架偏位，应及时修整
治理措施	范围不大的轻微露筋可用水泥砂浆堵抹。为保证修复砂浆与原混凝土可靠结合，原混凝土用水冲洗、铁刷刷净，表面湿润，水泥砂浆中掺107胶加以修补；重要部位露筋经技术鉴定后采取专门补强方案处理

推荐工艺	施工准备（垫块进场验收、送检；模板刚度检查）→钢筋制作、安装（定位钢筋安装到位）→安装保护层垫块（每平方米不少于 3 个）→模板安装（牢固）→检查验收（垫块是否绑牢）→混凝土浇筑（垫块是否位移，及时调整）→检查验收
检测内容	施工前：垫块的强度、尺寸检测。 施工过程中：垫块安装质量、数量进行检查。 施工后：混凝土保护层厚度检测
验收标准	应符合《混凝土结构工程施工质量验收规范》GB 50204—2015 表 4.2.10、表 5.3.5、表 5.5.3、表 5.5.2、表 8.3.2 的要求

5.2 沟槽回填

5.2.1 沟槽回填处不均匀沉降（表 5.2.1）

沟槽回填处不均匀沉降 表 5.2.1

质量问题示意	
质量问题描述	沟槽回填后，由于不均匀沉降，引发地表结构物或上部道路开裂、下沉
原因分析	（1）回填材料不符合要求。 （2）对回填区域内基底处理不到位，沟槽内杂物没有清理干净或需水回填。 （3）没有分层填筑，填筑层超厚，碾压不到位，压实度达不到要求
设计措施	（1）采用自密性符合规范及设计要求的材料进行回填。 （2）对回填和验收指标进行明确。 （3）在地下水丰富段宜分段设计沟槽砂砾阻隔设施。 （4）在不良地质段采用加强施工。 （5）深填区应设置混凝土搭板路面结构层搭接措施可靠

预防措施	（1）按照设计要求选择回填材料，做好原材料的相关检测检验工作。 （2）对回填区域内的基底进行地基承载力检测，对不满足要求的地基进行处理；回填前将沟槽内的杂物清理干净，保证回填材料的含水率满足要求，严禁带水回填。 （3）沟槽回填时应做好降排水措施，防止沟槽积水导致碾压不密实。 （4）沟槽回填时应采用机械碾压或小型打夯机进行压实，并采用水平分层、纵向分段的方法，分层对称回填，严格控制好每一层的松铺厚度，确保每层回填厚度一致。 （5）机械碾压不到的边角处、靠近管廊位置应采用小型夯实机具进行夯实处理
治理措施	（1）如填料不合格导致的回填质量缺陷，需挖除不合格填料，分层回填，碾压密实。 （2）当沉降较大时，可采用钻孔注浆的方式进行加固处理
推荐工艺	施工准备（原材料验收、检测)→沟槽清理（降水、排水，干槽)→回填（水平分层，纵向分段，对称回填)→碾压（边角采用小型打夯机夯实)→检查验收
检测内容	施工前原材料：土的含水量、液塑限、击实等；级配碎石（砂砾石）的配合比，粗、细集料的含泥量、筛分、压碎值。 施工过程：每层进行压实度检测
验收标准	应符合《城市综合管廊工程技术规范》GB 50838—2015 第 9.2.3 条、第 9.2.4 条、第 9.2.5 条、《建筑地基基础工程施工质量验收规范》GB 50202—2002 第 6.3 条、《公路工程质量检验评定标准》JTG F80/1—2004 第 8.6.5 条的要求

6 桥 梁 工 程

6.1 灌注桩

6.1.1 塌孔 (表 6.1.1)

塌孔 表 6.1.1

质量问题示意	
质量问题描述	桩孔周围塌陷或孔内水位突然下降，孔口冒细密的水泡，出渣量显著增加而不见进尺，钻机负荷显著增加等现象
原因分析	（1）护筒埋置太浅，下端孔口漏水、坍塌或孔口附近地面受水浸湿泡软，或钻机直接接触在护筒上，由于振动使孔口坍塌，扩展成较大坍孔。 （2）泥浆性能指标不符合要求，孔壁未能形成坚实泥皮。 （3）出渣后未及时补充泥浆（或水），或河水、潮水上涨，或孔内出现承压水，或钻孔通过砂砾等强透水层，孔内水流失等而造成孔内水头高度不够。 （4）清孔后泥浆相对密度、黏度等指标降低，未及时补浆（或水），孔内水头高度不足。 （5）清孔操作不当，供水管嘴直接冲刷孔壁或清孔时间过久，或清孔后未及时灌注桩基混凝土。 （6）吊装下放钢筋笼时碰撞孔壁，造成塌孔。 （7）在松软土层中钻进进尺太快
设计措施	严格根据地质条件确定护筒长度，合理确定泥浆相对密度，根据预测的各种情况及施工阶段，提出相应措施和控制方法

预防措施	（1）应埋置足够长度和刚度的护筒，保障孔口周边的土体稳定；护筒顶面宜高于地面 30cm，防止周边地表水流于孔内，造成坍孔。 （2）制作合格的泥浆，严格控制成桩过程中泥浆相对密度，使孔壁形成坚实泥皮。 （3）在松散粉砂土或流砂中钻进时，应控制进尺速度，选用较大密度、黏度、胶体率的泥浆或高质量泥浆。 （4）清孔时应指定专人及时补浆（或水），保证孔内必要的水头高度。供水管最好不要直接插入钻孔中，应通过水槽或水池使水减速后流入钻孔中，以免冲刷孔壁。 （5）清孔合格后及时浇筑桩基混凝土。 （6）吊入钢筋骨架时应对准钻孔中心竖直插入，严防触及孔壁
治理措施	（1）孔口施工时发生坍塌，可立即拆除护筒并回填钻孔，重新埋设护筒再钻。 （2）如发生孔内坍塌，判明坍塌位置，回填砂和黏质土（或砂砾和黄土）混合物到坍孔处以上 1～2m，如坍孔严重时应全部回填，待回填物沉积密实后再行钻进。 （3）对于土体与岩石交接处出现塌孔，用片石、水泥或混凝土回填，边填边冲孔
推荐工艺	施工准备（打桩机周边场地平整、承载力符合要求）→埋设钢护筒（护筒刚度合格，长度适宜）→钻机就位→钻孔（进尺速度适宜；泥浆质量合格）→清孔→成孔检测（标高、孔径等检查）→安放钢筋笼（避免碰触孔壁）→清孔（保持必要的水头高度）→及时浇筑桩基混凝土
检测内容	施工过程中：泥浆稠度、相对密度；孔径、垂直度、孔深
验收标准	应符合《城市桥梁工程施工与质量验收规范》CJJ 2—2008 第 10.3.2 条、第 10.7.4.2 条的要求

6.1.2 垂直度超过规范要求（表 6.1.2）

垂直度超过规范要求　　　　　　　　　　　　　表 6.1.2

质量问题示意	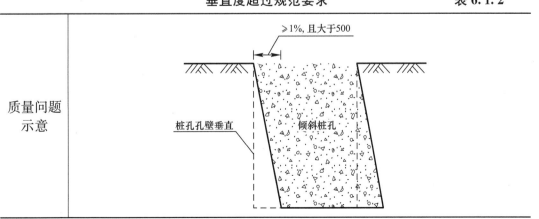

质量问题描述	灌注桩成孔过程中灌注桩垂直度大于桩长的1%，且绝对值大于500mm
原因分析	（1）钻机底座未安置水平或产生不均匀沉陷、位移。 （2）钻机顶部的起重滑轮槽、钻杆的卡盘和护筒桩位的中心不在同一垂直线上，在钻进过程中钻机移位或出现过大的摆动。 （3）钻杆弯曲，接头不正。 （4）钻孔中遇有较大的孤石或探头石。 （5）在有倾斜的软硬地层交界处、岩面倾斜钻进；或者粒径大小悬殊的砂卵石层中钻进，钻头受力不均
设计措施	灌注桩成孔垂直度允许偏差控制在1%以内
预防措施	（1）钻机就位前，应对施工现场进行整平和压实，安装钻机时应严格检查钻机的平整度和主动钻杆的垂直度，在钻进过程中，应经常检查主动钻杆的垂直度，发现偏差立即调整，并使钻机始终处于水平状态工作。 （2）应使钻机顶部的起重滑轮槽、钻杆的卡盘和护筒桩位的中心在同一垂直线上，并在钻进过程中防止钻机移位或出现过大的摆动。 （3）定期检查钻头、钻杆、钻杆接头，发现问题及时维修或更换。 （4）使用冲击钻施工时冲程不要过大，尽量采用二次成孔，以保证成孔的垂直度。 （5）在软硬土层交界面或倾斜岩面处钻进，应低速低钻压钻进。发现钻孔倾斜，应及时回填黏土、片石或混凝土，冲平后再低速低钻压钻进；在复杂地层钻进，必要时在钻杆上加设钻杆稳定器
治理措施	（1）当钻孔偏斜超限时，应回填片石或混凝土，待沉积密实后再重新钻孔。 （2）用超声检孔器等查明钻孔偏斜的位置和偏斜的情况后，也可在偏斜处吊住钻头上下反复扫孔，待钻孔垂直稳定后再继续钻进
推荐工艺	施工准备（打桩机周边场地平整、承载力符合要求）→埋设刚护筒→搭设作业平台→桩机就位（桩机平整度、钻杆垂直度符合要求）→钻孔（进尺速度适宜；钻杆垂直度符合要求）→清孔→成孔检测→安放钢筋笼→清孔（保持必要的水头高度）→及时浇筑桩基混凝土
检测内容	施工过程中：钻杆测斜法、超声波检孔法、笼式井径检测法
验收标准	应符合《城市桥梁工程施工与质量验收规范》CJJ 2—2008 第10.7.4条的要求

6.1.3 沉渣过厚（表6.1.3）

沉渣过厚 表6.1.3

质量问题 示意	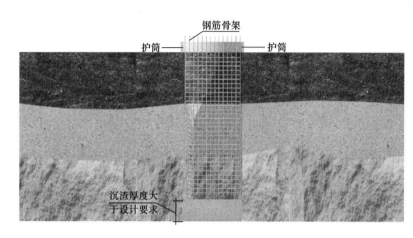
质量问题 描述	在灌注混凝土前，孔底沉渣厚度超过设计值或规范允许范围
原因分析	（1）泥浆质量不良，清孔不干净或未进行二次清孔。 （2）清孔后，待灌时间过长，致使泥浆沉积
设计措施	严格控制成孔工艺，适时监测沉渣厚度，沉渣厚度严格控制在设计允许范围
预防措施	（1）保持泥浆大致与水平地面在同一平面，减少进入泥浆中的土壤颗粒，增强泥浆携带土渣的能力。 （2）采用性能较好的泥浆，控制泥浆的相对密度和黏度，不要用清水进行置换。成孔后，钻头提高至孔底10～20cm处，保持慢速空转，维持循环清孔时间不少于30min。 （3）吊放钢筋笼后，检查沉渣量，如沉渣量超过设计或规范要求，则应利用导管进行二次清孔，清孔后要保证沉渣厚度满足设计、规范要求。 （4）二次清孔后及时浇筑混凝土。以利用混凝土的巨大冲击力清除孔底沉渣，达到清空孔底沉渣的目的。首批混凝土灌注量应满足导管首次埋置深度1m以上
治理措施	如沉渣量超过设计规范要求，利用导管进行二次清孔
推荐工艺	施工准备→埋设刚护筒→搭设作业平台→桩机就位→钻孔（泥浆性能合格）→清孔→成孔检测→安放钢筋笼（避免碰触孔壁）→清孔（成渣厚度符合设计要求）→安放导管（导管底部至孔底30～40cm为宜）→及时浇筑桩基混凝土

检测内容	成孔后：沉渣厚度。 成桩后：桩身结构完整性
验收标准	应符合《城市桥梁工程施工与质量验收规范》CJJ 2—2008 第 10.3.3 条、第 10.7.4 条的要求

6.1.4 钢筋笼上浮、偏位（表 6.1.4）

钢筋笼上浮、偏位　　　　　　　　　　表 6.1.4

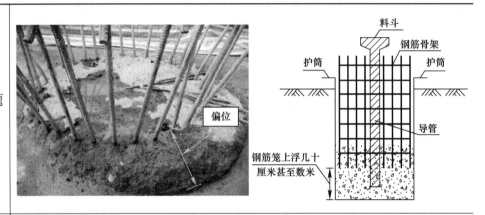

质量问题示意	
质量问题描述	钻孔完成后吊放钢筋笼，根据设计图纸和现场原地面标高，对钢筋笼埋设的位置作了详细的测量，准确无误。但当浇灌混凝土过程中发现钢筋笼往上移动或偏移了，轻者移动几厘米至几十厘米，重者上浮数米甚至整个钢筋笼大部分浮起
原因分析	（1）钢筋笼过长，未设加劲箍，刚度不够，造成变形。 （2）钢筋笼上未设垫块或耳环控制保护层厚度，或桩孔本身偏斜或偏位。 （3）钢筋笼吊放未垂直缓慢放下，而是斜插入孔内。 （4）混凝土浇筑过快或当混凝土面至钢筋笼底时，混凝土导管埋深不够，钢筋笼未采取有效的固定措施，混凝土冲击力使钢筋笼被顶托上浮。 （5）浇筑时间超过首批混凝土的初凝时间。 （6）在提升导管时，导管挂在钢筋笼上，钢筋笼随同导管一同上升
设计措施	灌注桩钢筋骨架的制作、运输与安装应符合下列规定： （1）制作时应采取必要措施，设加劲箍和三角撑保证骨架的刚度，主筋的接头应错开布置。大直径长桩的钢筋骨架宜在胎架上分段制作，且宜编号，安装时应按编号顺序连接。 （2）应在骨架外侧设置控制混凝土保护层厚度的垫块，垫块的间距在竖向不应大于 2m，在横向圆周不应少于 4 处，大直径桩不少于 6 处。 （3）钢筋骨架在运输过程中，应采取适当的措施防止其变形。骨架的顶端应设置吊环

预防措施	(1) 钢筋笼过长的,应用"长线法"分节制作,分段吊放,分段连接或设加劲箍加强;在钢筋笼部分主筋上,应每隔一定距离设置混凝土垫块或焊耳环控制保护层厚度,桩孔本身偏斜、偏位应在下钢筋笼前往复扫孔纠正。 (2) 用十字交叉法确定钢筋笼的中心位置,确保钢筋笼初始位置定位准确。 (3) 钢筋笼入孔时钢筋笼应垂直下放,并与孔口固定牢固。 (4) 钢筋笼初始位置应定位准确,并与孔口固定牢固。 (5) 当灌注的混凝土顶面接触到钢筋骨架底部时,宜降低灌注速度;混凝土顶面上升到骨架底部4m以上时,宜提升导管,使其底口高于骨架底部2m以上后再恢复正常灌注速度。 (6) 在安装导管时,应使导管中心与钻孔中心尽量重合,导管接头处应做好防挂措施,以防止提升导管时挂住钢筋笼,造成钢筋笼上浮
治理措施	当发生钢筋笼上浮时,应立即停止灌注混凝土,并准确计算导管埋深和已浇筑混凝土面的标高,提升导管后再灌注时注意控制灌注速度
推荐工艺	钢筋笼制作(分段连接;加劲箍加强;有足够的垫块)→安放钢筋笼(十字交叉法定位)→固定牢固→混凝土灌注(保证首批混凝土灌注量;速度适宜;浇灌时间不宜过长)
检测内容	/
验收标准	应符合《城市桥梁工程施工与质量验收规范》CJJ 2—2008第10.3.5条、第10.7.4.5条的要求。宜参照《公路桥涵施工技术规范》JTG/T F50—2011第8.2.11条的要求

6.1.5 桩基夹泥、断桩 (表6.1.5)

桩基夹泥、断桩 表6.1.5

质量问题示意	
质量问题描述	灌注桩在灌注过程中,泥浆或泥浆与水泥砂浆混合物等,把已灌注的混凝土隔开,使桩的截面部分或全部受损,受损严重的称为断桩,轻微的称为夹泥

原因分析	(1) 导管距离孔底过高，孔底沉渣和泥浆混入混凝土内。 (2) 导管密封不良或浇筑混凝土时，导管提升过多，起拔过多，露出混凝土面。泥浆混入混凝土内。 (3) 桩基混凝土浇筑过程中，发生桩孔坍塌或周边土体掉块。 (4) 因停电、待料等原因造成夹渣，出现桩身中岩渣沉积成层，将混凝土桩上下分开的现象。 (5) 混凝土坍落度小，离析或石料粒径过大，导管直径较小（如使用直径为小于 25cm 的导管），在混凝土灌注过程中堵塞导管，且在混凝土初凝前未能疏通好，不得不提起导管，形成断桩
设计措施	清孔应符合下列规定： 在吊入钢筋骨架后，灌注水下混凝土之前，应再次检查孔内泥浆的性能指标和孔底沉淀厚度；如超过《公路桥涵施工技术规范》JTG/T F50—2011 的规定，应进行第二次清孔，符合要求后方可灌注水下混凝土。 灌注水下混凝土应符合下列规定： (1) 混凝土运至灌注地点时，应检查其均匀性和坍落度等，不符合要求时不得使用。 (2) 首批混凝土入孔后，混凝土应连续灌注，不得中断。 (3) 在灌注过程中，应保持孔内的水头高度；导管的埋置深度宜控制在 2～6m，并应随时测探桩孔内混凝土面的位置，及时调整导管埋深；应将桩孔内溢出的水或泥浆引流至适当地点处理，不得随意排放
预防措施	(1) 成孔后，必须认真清孔及检查，清孔后孔底沉渣及泥浆指标应满足设计规范要求，清孔后要及时灌注混凝土。 (2) 严格控制混凝土的配合比，混凝土应有良好的和易性和流动性，坍落度损失应满足灌注要求。 (3) 在地下水活动较大的地段，事先要用套管或水泥进行处理，止水成功后方可灌注混凝土。 (4) 灌注混凝土应从导管内灌入，要求灌注过程连续、快速，灌注的混凝土要足量，在灌注混凝土过程中应避免停电、停水；绑扎隔水塞的铁丝，应根据首次混凝土灌入量的多少而定，严防断裂，确保导管的密封性，导管的拆卸长度应根据导管内外混凝土的上升高度而定，切勿起拔过多。 (5) 选择适宜的导管：导管由不小于 250mm，用装有垫圈的法兰盘连接，导管必须进行水密性、承压及接头抗拉试验。 (6) 在灌注混凝土开始时，导管底部应高于孔底 300～400mm，首批混凝土灌注量应满足导管首次埋置深度 1.0m 以上。 (7) 在整个灌注过程中，导管埋置深度保持在 2m～6m，并且经常测量孔内混凝土的高程，及时调整导管出料口与混凝土表面的相应位置

治理措施	当断桩位置较浅时，一般采用重新接桩处理；当位置较深时，断桩后如果能够将钢筋笼提出钻孔时，可迅速将其提出孔外，然后用冲击钻重新钻孔，清孔后下钢筋笼，再灌注混凝土
推荐工艺	施工准备→埋设钢护筒→搭设作业平台→桩机就位→钻孔（泥浆性能合格）→成孔检测→安放钢筋笼（避免碰触孔壁）→清孔（成渣厚度符合设计要求）→安放导管（导管底部至孔底 30～40cm 为宜）→及时浇筑桩基混凝土（首批混凝土灌注量满足导管首次埋置深度 1m 以上，混凝土浇筑连续）→超灌 50～100cm
检验检测	施工后：采用声波透射法或钻芯法检测桩身结构完整性
验收标准	应符合《城市桥梁工程施工与质量验收规范》CJJ 2—2008 第 10.3.5 条、第 10.7.4 条的要求

6.1.6 桩顶强度不足、桩头灌注高度不足（表 6.1.6）

桩顶强度不足、桩头灌注高度不足　　　　　　　表 6.1.6

质量问题示意	桩顶标高达不到设计桩顶标高：没有超灌50~100cm
质量问题描述	凿除松散层后，桩顶标高与设计标高不符
原因分析	（1）测锤及吊锤索精度不够，灌注没有达到要求标高，判断错误，过早终止混凝土灌注。 （2）清孔不彻底，桩顶浮浆过浓过厚，超灌高度估计不足，凿除质量较差部分后，桩顶标高低于设计标高。 （3）护筒设置不当，以及不稳定地层中导管提升速度过快成孔壁坍塌，坍塌物带至桩身上部，造成混凝土面高度测量不准，导致混凝土浇灌量不够。 （4）首批混凝土浇筑时，导管悬空高度过高，首批混凝土浇灌量没有满足导管最小埋置深度要求

设计措施	混凝土实际灌注高度应高于设计桩顶标高。高出的高度应根据桩长、地质条件和成孔工艺等因素合理确定，其最小高度不宜小于桩长的 3%，且不应小于 0.5m
预防措施	（1）施工前对测锤及吊锤索进行检查，标定，确保符合要求。加大桩身混凝土面高度检测频率，保证混凝土灌注数量。混凝土面的位置应采用多种手段测定，测绳应用柔软的绳索，不宜用钢丝绳。为保证超灌高度，还可采用特制的铁盒取样器插入可疑层位取样判别。 （2）认真测量沉渣厚度，沉渣过厚的认真做好二次清孔工作。 （3）根据不同地层情况，按要求埋设适宜长度的护筒，不稳定地层段控制好混凝土的浇灌速度以及拔管的速度，避免塌孔。 （4）首批混凝土灌注时，导管底部应高于边底 30～40cm；并依据桩径、导管悬空高度、导管最小埋置深度确定首批混凝土量，实际施工过程中首批混凝土量必需远远大于确定的混凝土量，使首批混凝土顶面至少高于导管底 1.0m 以上。 （5）按规定保证超灌高度，以保证凿除后的桩头密实，无松散层
治理措施	凿除强度不足的部位，重新进行接桩处理
推荐工艺	施工准备→埋设钢护筒（护筒长度适宜）→搭设作业平台→桩机就位→钻孔（泥浆性能合格）→成孔检测→安放钢筋笼（避免碰触孔壁）→清孔（沉渣厚度符合设计要求）→安放导管（导管底部至孔底 30～40cm 为宜）→及时浇筑桩基混凝土（首批混凝土灌注量满足导管首次埋置深度 1m 以上，混凝土浇筑连续）→超灌 50～100cm→凿除松散层至设计标高
检验内容	施工过程中：混凝土坍落度、混凝土强度、桩顶标高
验收标准	应符合《城市桥梁工程施工与质量验收规范》CJJ 2—2008 第 10.3.5 条的要求

6.1.7　声测管堵塞（表 6.1.7）

声测管堵塞　　　　　　　　　　　　　　　　表 6.1.7

质量问题示意	 声测管安装完后未加盖封闭

质量问题描述	桩基施工过程中混凝土水泥浆或泥浆进入声测管内，发生堵管现象；或者声测管发生变形而导致超声波探头无法置于声测管内
原因分析	（1）声测管底部封堵不严实，混凝土浇筑过程中水泥浆进入管内造成堵塞，或声测管顶部孔口未进行封堵，桩检前有水泥浆或异物掉入造成堵塞。 （2）在钢筋笼运输、安装过程中，声测管受到撞击导致变形。 （3）混凝土浇筑过程中，振捣棒碰撞声测管导致变形堵塞。 （4）声测管接头连接不当或声测管出现破损，水泥浆从接头或破损处进入声测管导致堵塞
设计措施	声测管埋设应符合下列规定： （1）声测管应下端封闭、上端加盖、管内无异物；声测管连接处应光顺过渡，管口应高出混凝土顶面 100cm 以上。 （2）浇灌混凝土前应将声测管有效固定
预防措施	（1）使用品质优良的声测管；在装卸、搬运、安装过程中，要避免使声测管扭曲、挤压变形。声测管要存放在有遮雨设施的场地，避免管体生锈。 （2）声测管随钢筋笼分段安装，钢筋笼制作时，声测管应绑扎牢固。 （3）钢筋笼运输下放时，避免碰撞声测管。 （4）钢筋笼安装后，声测管及时注入干净水，并将声测管上部端口完全封闭。或者将比声测管稍长的塑料衬管插入声测管内，桩基灌注时采用人工上下抽动，初凝后拔出重复利用。 （5）桩基灌注前导管安装和灌注时导管升降均应在桩中心处竖直线上均匀慢速运动，尽量避免发生碰撞声测管的情况。 （6）声测管漏出地面时，搬移钻机等作业时避免碰掉声测管盖子或者将其弄断，如这种情况出现要及时采取措施堵封避免泥浆、杂物等渗入。 （7）破桩头时，剥出声测管时避免将声测管帽子弄折或者将声测管截断，如这种情况出现要及时封堵，避免混凝土碎块等杂物掉入
治理措施	采取措施对声测管内异物进行清理，确保声测管的畅通
推荐工艺	施工准备（声测管检测）→装卸、搬运（轻拿轻放）→声测管安装（与桩基钢筋笼一致，分段安装）→固定（声测管周围加螺纹钢筋加固）→两端封堵严密→检查验收→安装桩基钢筋笼（避免碰坏，连接处封堵严密）→注水→封堵上部端口→浇筑桩基混凝土→凿除桩头→做好成品保护措施
检验检测	施工前：测声测管尺寸、径向刚度等。 桩检前：对声测管是否畅通进行检查，并及时疏通
验收标准	《公路工程基桩动测技术规程》JTG/T F81-01—2004

6.2 桥台基础、承台

6.2.1 桩头预埋钢筋锚固长度不够（表 6.2.1）

桩头预埋钢筋锚固长度不够　　　　　　　　　　　　　表 6.2.1

质量问题示意	
质量问题描述	桩基桩头主筋露出桩头过短
原因分析	（1）桩身钢筋笼长度计算错误，未经复核检查。 （2）钢筋笼安装时高度定位错误，导致钢筋笼顶部标高不足
设计措施	配有普通箍筋（或螺旋筋）的轴心受压构件（沉桩、钻/挖孔桩除外），其钢筋设置应符合下列规定： 纵向受力钢筋应伸入基础和盖梁，伸入长度不应小于《公路钢筋混凝土及预应力混凝土桥涵设计规范》JTG D62—2004 表 9.1.4 规定的锚固长度
预防措施	（1）严格核查钢筋笼尺寸，钢筋笼下放时，严格控制钢筋笼顶部标高。 （2）桩头混凝土破除后进行标高测量，如发现问题及时处理
治理措施	（1）破除桩头后钢筋笼嵌入承台的钢筋长度不够，如果钢筋可见，且可以加焊，用加焊钢筋的方法进行处理。 （2）如钢筋埋在混凝土里面，则要凿开混凝土再焊接钢筋，用接桩的方法处理
推荐工艺	施工准备（研读图纸，制作下料单）→钢筋制作（根据下料单下料制作）→绑扎钢筋笼（检查复核钢筋笼长度）→安装钢筋笼（复核钢筋笼顶标高）→进入下道工序施工
检验检测	施工过程：钢筋顶标高复测
验收标准	应符合《公路桥涵地基与基础设计规范》JTG D63—2007 第 5.2.6 条的要求

6.2.2 桩头嵌入深度不够（表6.2.2）

桩头嵌入深度不够　　　　　　　　　　　　　　　　　　　　　　　**表6.2.2**

质量问题示意	
质量问题描述	桩顶嵌入承台内长度小于设计要求
原因分析	（1）桩身混凝土长度计算错误，未经复核检查，造成桩顶标高未达到设计要求。 （2）桩头凿除长度过长，导致桩顶标高达不到设计要求
设计措施	桩与承台、横系梁的连接应符合下列要求： （1）桩顶直接埋入承台：当桩径（或边长）小于0.6m时，埋入长度不应小于2倍桩径（或边长）；当桩径（或边长）为0.6～1.2m时，埋入长度不应小于1.2m；当桩径（或边长）大于1.2m时，埋入长度不应小于桩径（或边长）。 （2）桩顶主筋伸入承台：桩身嵌入承台内的深度可采用100mm；伸入承台内的桩顶主筋可做成喇叭形（与竖直线夹角大约为15°）。伸入承台内的主筋长度，光圆钢筋不应小于30倍钢筋直径（设弯钩），带肋钢筋不应小于35倍钢筋直径（不设弯钩）。 （3）对于大直径灌注桩，当采用一柱一桩时，可设置横系梁或将桩与柱直接连接
预防措施	（1）严格核查桩顶标高。 （2）对于水下灌注的桩身混凝土，为防止凿除桩头造成桩头短浇，必须超灌。 （3）混凝土终灌拔管前，应使用导管适当地插捣混凝土，把桩身可能存在的气泡尽量排出桩外，以便精确测量混凝土面。 （4）桩头混凝土凿除后进行标高测量，如发现问题及时处理

治理措施	将桩头上部混凝土浮浆剔除直到露出石子为止，将桩头表面剔凿平整，清理干净。桩身钢筋按设计调校，周围用钢护筒或砖砌护壁，提高一个强度等级重新浇筑至设计混凝土标高
推荐工艺	按规定保证超灌高度；终灌拔管前，配合振捣混凝土使桩顶混凝土表面平整；进行标高复测
检验检测	桩顶标高
验收标准	应符合《公路桥涵地基与基础设计规范》JTGD 63—2007 第 5.2.6 条的要求

6.2.3 承台预留钢筋埋设不符合设计要求（表 6.2.3）

承台预留钢筋埋设不符合设计要求　　　　表 6.2.3

质量问题示意	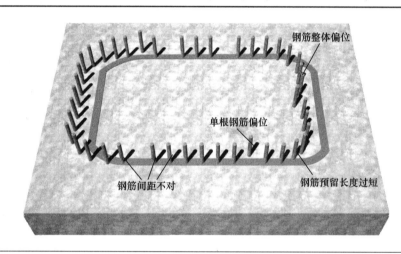
质量问题描述	承台钢筋绑扎时墩身预埋钢筋制作及安装时出现预埋钢筋长度不够、位置不对、间距不符合要求等现象
原因分析	(1) 墩身预埋钢筋长度计算错误。 (2) 现场施工时，钢筋定位不准确，安装过程中钢筋安装错误，且未经复核检查。 (3) 钢筋固定不牢，混凝土浇筑过程中偏位
设计措施	按照《公路钢筋混凝土及预应力混凝土桥涵设计规范》JTG D62—2004 第 9.6.1 条的相关规定
预防措施	(1) 施工前，认真研读图纸，制作钢筋下料单进行钢筋制作。 (2) 承台模板安装加固完成后，用全站仪放出墩台身位置，按照设计图纸进行墩身钢筋预埋。 (3) 墩身钢筋预埋过程中必须保证钢筋垂直度或斜向角度正确，并绑扎墩身下部 1/3 范围内的箍筋。

预防措施	（4）墩身竖向主筋预埋前要标出准确位置，绑扎过程中利用墩台身中心纵横十字线和外轮廓线进行定位校核。 （5）为防止墩身钢筋水平和竖向移动，设置上、下两层固定圈。固定圈下层焊接在承台上层网片筋上，顶层固定圈设置符合设计和规范要求，要求固定圈定位准确，且与预埋筋和承台面筋全部焊接固定，为防止墩身预埋筋下沉，将墩身范围内的承台架力筋与承台上下层主筋全部焊接起支撑作用。 （6）对墩柱预埋钢筋高度较高的，还应设置缆风绳对外露的预埋钢筋进行固定，以防止钢筋骨架变形
治理措施	凿除部分承台混凝土，进行返工处理
推荐工艺	施工准备（研读图纸，制作钢筋下料单）→根据下料单制作钢筋→绑扎承台钢筋（全站仪放样定位墩身预留钢筋）→墩身钢筋预埋（利用墩台身中心纵横十字线和外轮廓线进行定位校核）→墩身预埋钢筋范围内钢筋骨架加固→检查复核（钢筋间距、位置、钢筋预留长度等）
检验检测	施工过程：全站仪放样定位钢筋位置、间距量测
验收标准	应符合《城市桥梁工程施工与质量验收规范》CJJ 2—2008 第 6.5.5 条、第 6.5.9 条的要求

6.3 接地体（线）

6.3.1 接地体（线）敷设不规范（表 6.3.1）

接地体（线）敷设不规范　　　　　　　　　　　6.3.1

质量问题示意	 
质量问题描述	当利用结构钢筋做接地线时未进行防腐处理、搭接不规范
原因分析	未按规范要求进行施工，施工时未进行复核检查
设计措施	/

预防措施	（1）当利用结构钢筋作接地（体）线时，钢筋笼加工制作，宜选择两根通长钢筋作为接地钢筋。需要连接时，接地体（线）的焊接应采用搭接焊，其搭接长度必须符合下列规定：扁钢为其宽度的 2 倍（且至少 3 个棱边焊接）；圆钢为其直径的 6 倍；圆钢与扁钢连接时，其长度为圆钢直径的 6 倍；扁钢与钢管、扁钢与角钢焊接时，为了连接可靠，除应在其接触部位两侧进行焊接外，并应焊以由钢带弯成的弧形（或直角形）卡子或直接由钢带本身弯成弧形（或直角形）与钢管（或角钢）焊接。并采用红油漆做好标记。 （2）承台钢筋接地网连接时，除满足焊接要求外，钢筋网必须达到闭环连接要求（同一排上的桩基必须与同一根承台底层钢筋连接）。 （3）接地钢筋采用套筒连接时应在接头处焊接钢筋过渡。 （4）接地端子直接浇筑在混凝土结构内，表面与结构面齐平。 （5）墩身综合接地钢筋在桥墩大里程侧沿墩立面中心对称预置 2 根竖向接地钢筋，在距离承台顶 1m 左右的位置用红油漆标记清楚，以备墩身施工时使用。 （6）接地线跨越建筑物伸缩缝、沉降缝处时，应设置补偿器。补偿器可用接地线本身弯成弧状代替。 （7）浇筑承台、墩身前必须将安装好的接地钢筋进行电阻测试，测试结果符合要求后方可进行混凝土浇筑
治理措施	返工处理，重新进行接地连接
推荐工艺	/
检验检测	施工后：电阻测试
验收标准	应符合《建筑电气工程施工质量验收规范》GB 50303、《电气装置安装工程接地施工及验收规范》GB 50169 的要求

6.4 现浇墩、台身

6.4.1 新旧混凝土接触面凿毛不到位、清理不干净（表 6.4.1）

新旧混凝土接触面凿毛不到位、清理不干净　　　　　表 6.4.1

质量问题 示意	

质量问题描述	采用分段、分层现浇时，先浇混凝土接触面凿毛未露出粗骨料，清洗不干净，新旧混凝土之间粘结力小，导致混凝土收缩而引起裂缝
原因分析	凿毛深度、范围不够，凿毛方式不正确，凿毛后未用高压水枪进行清洗干净
设计措施	/
预防措施	(1) 新老混凝土交界处，老混凝土面应凿毛至露出粗骨料。 (2) 接缝处或上层混凝土浇筑前，应将里面的杂物清理干净，已凿毛的混凝土表面应用压力水冲干净并充分湿润，但不得有积水。 (3) 接缝处浇灌前应先浇 50～100mm 厚同配合比砂浆，以利结合良好，并加强接缝处混凝土的振捣密实
治理措施	对出现裂缝的部位采用水泥注浆或化学灌浆注浆的方式处理
推荐工艺	/
检验内容	/
验收标准	应符合《城市桥梁工程施工与质量验收规范》CJJ 2—2008 第 7.5.6 条的要求

6.4.2 墩柱钢筋笼垂直度不满足要求（表 6.4.2）

墩柱钢筋笼垂直度不满足要求 表 6.4.2

质量问题示意	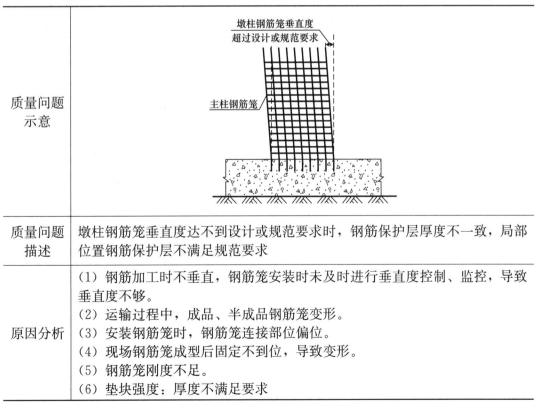
质量问题描述	墩柱钢筋笼垂直度达不到设计或规范要求时，钢筋保护层厚度不一致，局部位置钢筋保护层不满足规范要求
原因分析	(1) 钢筋加工时不垂直，钢筋笼安装时未及时进行垂直度控制、监控，导致垂直度不够。 (2) 运输过程中，成品、半成品钢筋笼变形。 (3) 安装钢筋笼时，钢筋笼连接部位偏位。 (4) 现场钢筋笼成型后固定不到位，导致变形。 (5) 钢筋笼刚度不足。 (6) 垫块强度、厚度不满足要求

设计措施	(1) 墩柱钢筋设计时，应注意钢筋笼整体的刚度。 (2) 合理设置钢筋笼加强钢筋，提升整体强度
预防措施	(1) 墩柱施工前测量放样，准确定位好钢筋位置。 (2) 加工时加强钢筋笼的垂直度控制，保证钢筋笼有足够的强度，通过加强筋、固定筋的设置从而保证钢筋笼垂直度；运输过程中加强钢筋笼的保护，防止钢筋笼变形。 (3) 加强施工过程中墩柱垂直度控制测量及监控测量。 (4) 钢筋笼安装完毕后，采取拉缆风绳等辅助措施，确保钢筋笼不变形。 (5) 对进场的垫块按要求进行检测，保证垫块尺寸、强度满足要求
治理措施	当钢筋笼垂直度超过规范或设计要求时，及时进行调整
推荐工艺	墩柱上制作钢筋笼：施工准备（全站仪放样定位）→钢筋制作（钢筋直顺）→钢筋运输（成品保护）→钢筋笼制作（焊接、直螺纹连接垂直，加强垂直度复核）→加强稳固（拉缆风绳）→进入下道工序施工。 预制钢筋笼：施工准备（全站仪放样定位）→钢筋制作（钢筋直顺）→钢筋笼绑扎（加设加强筋、固定筋固定，保证垂直度稳固）→钢筋笼运输（成品保护）→现场安装（焊接、直螺纹连接垂直）→加强稳固（拉缆风绳）→进入下道工序施工
检验内容	施工过程：垂直度
验收标准	宜参照《公路桥涵施工技术规范》JTG/T F50—2011 第 4.4.7 条的要求

6.5 预制墩、台身

6.5.1 预制墩、台身成品保护不到位 (表 6.5.1)

预制墩、台身成品保护不到位　　　　表 6.5.1

质量问题示意	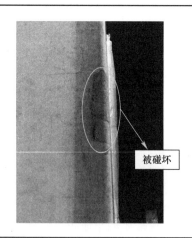

质量问题描述	预制构件成品发生破损、缺棱掉角现象
原因分析	(1) 预制构件存放地面不平整或承载力达不到要求，存放堆码层数、高度过高，层间未设置垫块。 (2) 预制构件在运输、吊装、安装时操作不规范，导致预制构件破损。 (3) 在预制构件周边作业时未满足安全作业距离。 (4) 预制构件拆模时间过早，混凝土强度不足
设计措施	根据预制构件类型合理设置吊环
预防措施	(1) 预制构件的存放场地一般应当选用混凝土地面，保证平整度和承载力的要求，避免由于地面不平整出现损坏构件的现象；存放堆码高度不宜过高，堆码层数不宜超过 2 层，两层之间应设置枕木隔离或采取其他有效的隔离措施。 (2) 预制构件存放处 2m 之内不应当进行电气焊作业。 (3) 在对预制构件进行运输吊装中，相邻的构件之间安放时应当有一定的间隔。 (4) 构件搬运、装车运输及卸车时，应采用专业工具进行施工，吊装时有专人指挥。 (5) 构件安装时，需轻拿轻放，以免构件断裂掉角、缺棱少边。 (6) 根据混凝土强度增长情况调整拆模时间
治理措施	缺棱掉角处，可将该处松散颗粒凿除，冲洗干净充分湿润后，视破损程度用水泥砂浆抹补齐整，或支模用比原来高一级混凝土捣实补好，之后湿润养护
推荐工艺	构件制作准备（场地坚实、平整）→制作完成（养护到位）→存放（堆码存放层数不超过 2 层，两层之间设置垫块）→运输（专门搬运工具）→安装（吊装时有专人指挥，轻拿轻放）
检验内容	吊装、运输前：混凝土强度检测
验收标准	应符合《城市桥梁工程施工与质量验收规范》CJJ 2—2008 第 11.2 条、第 11.5.4 条的要求

6.5.2 灌浆套筒压浆不饱满 (表 6.5.2)

灌浆套筒压浆不饱满   表 6.5.2

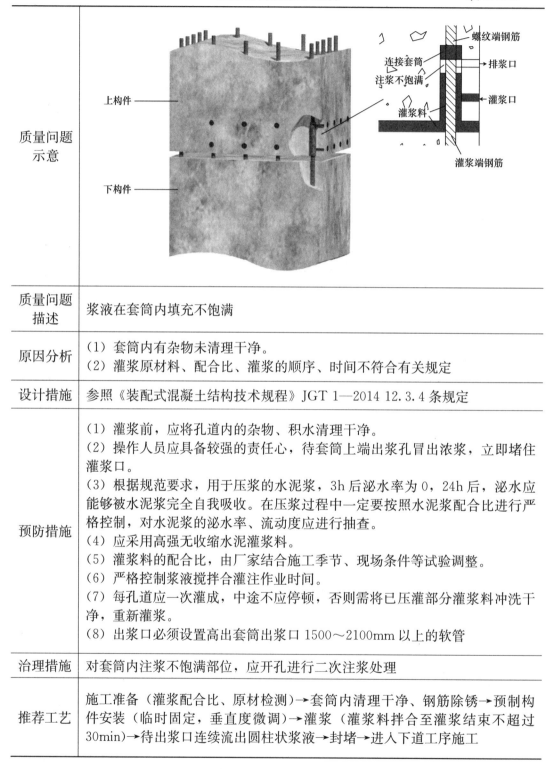

质量问题示意	
质量问题描述	浆液在套筒内填充不饱满
原因分析	（1）套筒内有杂物未清理干净。 （2）灌浆原材料、配合比、灌浆的顺序、时间不符合有关规定
设计措施	参照《装配式混凝土结构技术规程》JGT 1—2014 12.3.4 条规定
预防措施	（1）灌浆前，应将孔道内的杂物、积水清理干净。 （2）操作人员应具备较强的责任心，待套筒上端出浆孔冒出浓浆，立即堵住灌浆口。 （3）根据规范要求，用于压浆的水泥浆，3h 后泌水率为 0，24h 后，泌水应能够被水泥浆完全自我吸收。在压浆过程中一定要按照水泥浆配合比进行严格控制，对水泥浆的泌水率、流动度应进行抽查。 （4）应采用高强无收缩水泥灌浆料。 （5）灌浆料的配合比，由厂家结合施工季节、现场条件等试验调整。 （6）严格控制浆液搅拌合灌注作业时间。 （7）每孔道应一次灌成，中途不应停顿，否则需将已压灌部分灌浆料冲洗干净，重新灌浆。 （8）出浆口必须设置高出套筒出浆口 1500～2100mm 以上的软管
治理措施	对套筒内注浆不饱满部位，应开孔进行二次注浆处理
推荐工艺	施工准备（灌浆配合比、原材检测）→套筒内清理干净、钢筋除锈→预制构件安装（临时固定，垂直度微调）→灌浆（灌浆料拌合至灌浆结束不超过30min）→待出浆口连续流出圆柱状浆液→封堵→进入下道工序施工

检验检测	施工前：水泥安定性、凝结时间等性能检测；其他添加剂性能检测；浆液配合比。 施工后：饱满度检测
验收标准	应符合《钢筋套筒灌浆连接应用技术规程》JGJ 335—2015 第 6.3 条、第 7.0.10 条及《预制拼装桥墩技术规程》DG/TJ 08-2006—2015 的要求

6.6 盖梁、墩台帽

6.6.1 盖梁、墩台帽顶面标高不符合要求（表 6.6.1）

盖梁、墩台帽顶面标高不符合要求　　　　　表 6.6.1

质量问题示意	
质量问题描述	盖梁、墩台帽顶标高与设计不符，过高或过低
原因分析	盖梁、墩台帽混凝土浇筑标高控制不准确
设计措施	参照《公路桥涵施工技术规范》JTG T F50—2011 第 13.5.2 条规定
预防措施	（1）加强盖梁、台帽模板横坡控制。 （2）对墩台帽、盖梁施工所采用的托架、支架或抱箍等临时结构，应进行受力分析计算与验算。支架宜直接支承在承台顶部，当必须支承在承台以外的软弱地基上时，应对地基进行妥善加固处理，并应对支架进行预压。 （3）抱箍经专业技术人员设计验算，在专门的钢结构加工厂精心加工，安装好后，承重受力检测合格之后方可进入下道工序施工。 （4）在盖梁、墩台帽施工中，最后一次浇筑前必须用水准仪对模板顶部进行高程复测，按照复测高程计算出下返尺寸，在模板内侧做好标记，以此为依据严格控制顶面混凝土标高

治理措施	标高差距不大的情况下，通过下道工序进行调整，当差距过大时，凿毛后进行二次浇筑
推荐工艺	施工准备→场地硬化→支架搭设（标高多次复核）→支架预压（标高复核）→模板、钢筋安装（在模板内侧做好混凝土浇筑高度标记，标高复核）→混凝土浇筑（标高复核）→二次收面压实
试验检测	施工过程：模板标高复测
验收标准	应符合《城市桥梁工程施工与质量验收规范》CJJ 2—2008 第 11.5 条的要求

6.7 支座垫石与支座

6.7.1 支座垫石平整度、顶面标高不符合要求（表 6.7.1）

支座垫石平整度、顶面标高不符合要求　　　　　表 6.7.1

质量问题示意	
质量问题描述	同一片梁两端支座垫石及同一桥墩或桥台上的支座垫石顶面标高比设计高或比设计低
原因分析	（1）测量放线不准，标高测量误差过大。 （2）混凝土抹面收光不平整
设计措施	参照《公路桥涵施工技术规范》JTG T F50—2011 第 21.2.3 条规定
预防措施	（1）严格控制好墩、台帽顶面高程，保持标高符合要求。 （2）宜采用小型整体定型钢模进行施工，支模时应用水平尺调整标高，并对模板顶面高程进行复核。 （3）墩帽或台帽垫石钢筋预埋时应特别注意其顶面标高控制。 （4）在支座垫石混凝土浇筑完成后，及时对顶面进行二次收面压实，保证垫石的顶面高程和平整度满足要求

治理措施	（1）对于垫石平整度不平，可利用机械对垫石表面打磨平整。 （2）顶面标高比设计标高略低的情况，可增设梁底钢板，进行标高调整；如顶面标高低于设计标高较大的情况则需凿毛混凝土并植筋加布钢筋网后浇筑垫石混凝土至设计标高。 （3）如垫石标高高于设计，则需凿除多余的垫石混凝土
推荐工艺	施工准备（搭设护栏等）→盖梁、台帽顶面清理（盖梁、台帽标高复测）→测量放线定位→凿毛清理干净→支座垫石钢筋安装（钢筋顶标高复测）→安装模板（小型整体定型钢模）→检查验收（标高、位置复测）→浇筑混凝土（标高复测）→顶面二次收面压实（标高及平整度复测）→进入下道工序施工
检验检测	施工后：高程测量；平整度测量
验收标准	应符合《城市桥梁工程施工与质量验收规范》CJJ 2—2008 第12.5条的要求

6.7.2 支座垫石预留锚栓孔偏位、深度不够（表6.7.2）

支座垫石预留锚栓孔偏位、深度不够　　　　　　　表6.7.2

质量问题示意	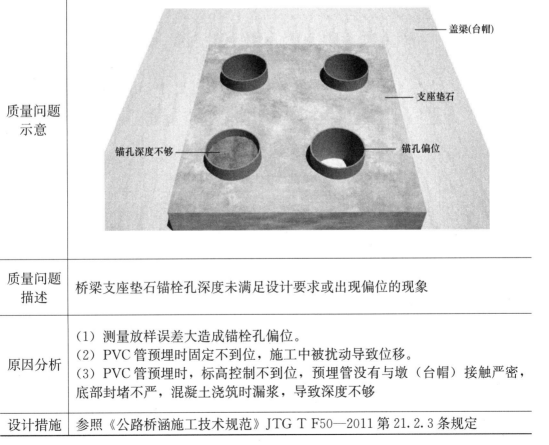
质量问题描述	桥梁支座垫石锚栓孔深度未满足设计要求或出现偏位的现象
原因分析	（1）测量放样误差大造成锚栓孔偏位。 （2）PVC管预埋时固定不到位，施工中被扰动导致位移。 （3）PVC管预埋时，标高控制不到位，预埋管没有与墩（台帽）接触严密，底部封堵不严，混凝土浇筑时漏浆，导致深度不够
设计措施	参照《公路桥涵施工技术规范》JTG T F50—2011 第21.2.3条规定

预防措施	（1）加密控制网，使用全站仪进行换手测量放样；加密帽梁顶面的垫石施工控制点，降低由细部放样引起的误差。 （2）支座锚栓预留孔采用 PVC 管预留，并与支座垫石钢筋网片同时安装。 （3）采用锚栓孔模定位架，将锚栓孔模固定在定位架上，保证预埋管与墩（台帽）顶接触严密，预防混凝土浇筑时漏浆。 （4）支座垫石混凝土施工前，采用十字丝法再次检查预留孔平面位置与深度，如果不符合要求必须先处理合格后才能浇筑支座垫石混凝土。 （5）在墩顶混凝土浇筑和振捣过程中，要频繁地检查 PVC 管的位置，如果发生偏移要及时调整。在墩顶混凝土初凝前，要再次检查预留孔的平面位置和深度，如果不符合要求及时调整
治理措施	如偏位较小，进行纠偏处理；如偏位较严重，将锚孔用高强度混凝土封堵，待强度达到要求后再进行重新钻孔处理
推荐工艺	施工准备（搭设护栏等）→测量放线定位→凿毛清理干净→盖梁、台帽顶面清理→支座垫石钢筋安装（同时安装锚栓孔 PVC 管，固定到位）→安装模板（小型整体定型钢模）→检查验收（深度、十字丝法检查平面位置）→浇筑混凝土（检查锚栓孔位置）→顶面二次收面压实→养护（复测平面位置、深度）→拆模
检验内容	施工过程中：标高复测；十字丝法检测预埋孔位置
验收标准	应符合《城市桥梁工程施工与质量验收规范》CJJ 2—2008 第 12.5.4 条的要求

6.7.3 支座垫石锚栓孔、底板灌浆不饱满（表 6.7.3）

支座垫石锚栓孔、底板灌浆不饱满　　　　　　　　表 6.7.3

质量问题示意	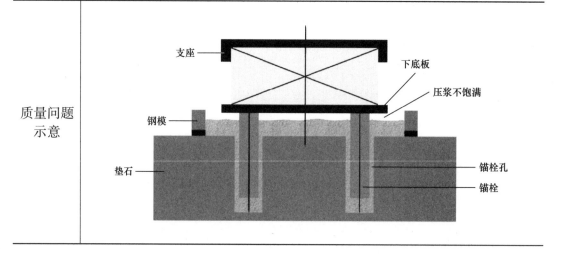

质量问题描述	桥梁支座灌浆后有空洞等现象
原因分析	（1）浆液流动性差。 （2）锚栓孔内有杂物，模板安装高度不够。 （3）灌浆工艺不正确，注浆时导流管安装不规范。 （4）重压压浆高度不够
设计措施	参照《公路桥涵施工技术规范》JTG T F50—2011 第 21.2.7 条规定
预防措施	（1）施工前，对灌浆料进行配合比设计，并加强原材料的试验检测工作，保证材料合格。 （2）在支座安装前，检查锚栓孔内是否干净，有杂物，PVC 管道是否凿除干净。 （3）用混凝土楔块或钢板楔入支座四角，找平支座，将支座底面调整到设计标高；在支座底面与支撑垫石之间预留 2～3cm 空隙，安装灌浆用模板，模板高度宜为 2.5～3.5cm。 （4）采用重力式灌浆方式，浆液通过导流管浇筑入支座锚栓孔的空隙中，软管不得折叠、扭曲，灌浆过程应从支座中心部位向四周注浆，直至从钢模与支座底板周边间隙观察到灌浆料全部灌满为止。 （5）当浆体从槽口溢出后，将导流管从支座底部缓慢拔出，拔出速度不得过快，并应保持导流管中内部有浆体，避免导流管拔出过快使浆体内存在空隙。 （6）灌浆材料终凝后，再次检查是否有漏浆现象，必要时对漏浆处进行补浆
治理措施	支座板空鼓的处理需先确定支座板空鼓的位置，先用榔头等工具敲击支座板，对空鼓位置进行标记，然后用磁力钻在空鼓位置钻孔，孔径为 10mm 左右，后用高压灌注机注浆，待由支座板四周流出浆体后，停止注浆，用胶带或干硬性灰浆封堵支座板四周流出浆体的位置，再开始注浆，直至饱和，用专用活塞封堵注浆孔
推荐工艺	施工准备（计算好每个支座的灌浆量）→清除孔内杂物并凿毛→放置千斤顶→调整支座标高→支座安装→模板安装→灌浆（重力式灌浆法）→检查验收
检验内容	施工前：水泥安定性、凝结时间等性能检测。 施工后：灌浆饱满度
验收标准	应符合《城市桥梁工程施工与质量验收规范》CJJ 2—2008 第 12.5.4 条、第 12.5.5 条的要求

6.7.4 部分支座脱空（表 6.7.4）

部分支座脱空 表 6.7.4

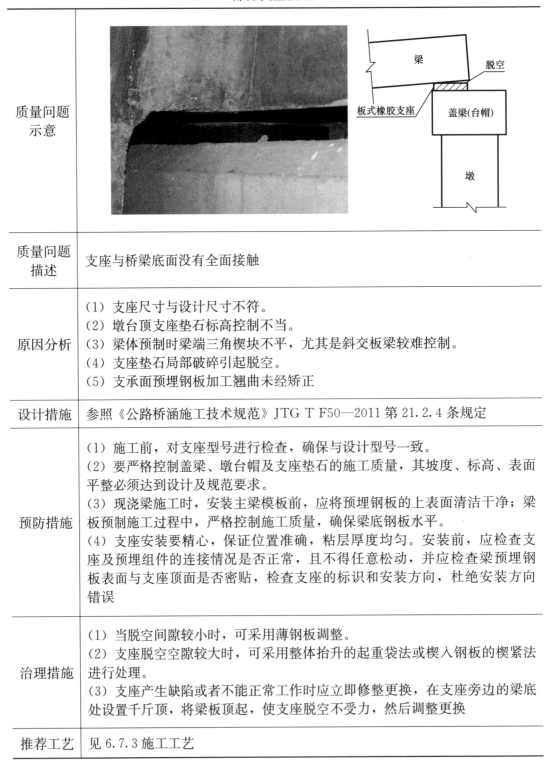

质量问题示意	
质量问题描述	支座与桥梁底面没有全面接触
原因分析	（1）支座尺寸与设计尺寸不符。 （2）墩台顶支座垫石标高控制不当。 （3）梁体预制时梁端三角楔块不平，尤其是斜交板梁较难控制。 （4）支座垫石局部破碎引起脱空。 （5）支承面预埋钢板加工翘曲未经矫正
设计措施	参照《公路桥涵施工技术规范》JTG T F50—2011 第 21.2.4 条规定
预防措施	（1）施工前，对支座型号进行检查，确保与设计型号一致。 （2）要严格控制盖梁、墩台帽及支座垫石的施工质量，其坡度、标高、表面平整必须达到设计及规范要求。 （3）现浇梁施工时，安装主梁模板前，应将预埋钢板的上表面清洁干净；梁板预制施工过程中，严格控制施工质量，确保梁底钢板水平。 （4）支座安装要精心，保证位置准确，粘层厚度均匀。安装前，应检查支座及预埋组件的连接情况是否正常，且不得任意松动，并应检查梁预埋钢板表面与支座顶面是否密贴，检查支座的标识和安装方向，杜绝安装方向错误
治理措施	（1）当脱空间隙较小时，可采用薄钢板调整。 （2）支座脱空空隙较大时，可采用整体抬升的起重袋法或楔入钢板的楔紧法进行处理。 （3）支座产生缺陷或者不能正常工作时应立即修整更换，在支座旁边的梁底处设置千斤顶，将梁板顶起，使支座脱空不受力，然后调整更换
推荐工艺	见 6.7.3 施工工艺

检验内容	施工前：支座性能、尺寸检测；支座垫石混凝土强度、平整度检测
验收标准	应符合《城市桥梁工程施工与质量验收规范》CJJ 2—2008 第 12.5.2 条、第 12.5.3 条的要求

6.8 预制梁

6.8.1 预制梁张拉后起拱度不足 （表 6.8.1）

预制梁张拉后起拱度不足 表 6.8.1

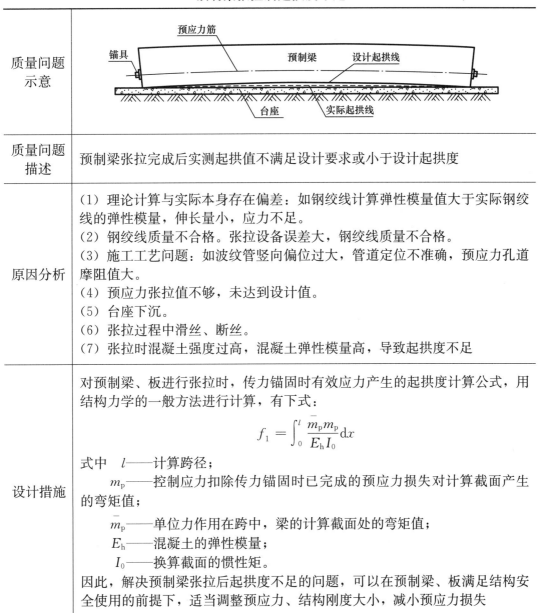

质量问题示意	
质量问题描述	预制梁张拉完成后实测起拱值不满足设计要求或小于设计起拱度
原因分析	（1）理论计算与实际本身存在偏差：如钢绞线计算弹性模量值大于实际钢绞线的弹性模量，伸长量小，应力不足。 （2）钢绞线质量不合格。张拉设备误差大，钢绞线质量不合格。 （3）施工工艺问题：如波纹管竖向偏位过大，管道定位不准确，预应力孔道摩阻值大。 （4）预应力张拉值不够，未达到设计值。 （5）台座下沉。 （6）张拉过程中滑丝、断丝。 （7）张拉时混凝土强度过高，混凝土弹性模量高，导致起拱度不足
设计措施	对预制梁、板进行张拉时，传力锚固时有效应力产生的起拱度计算公式，用结构力学的一般方法进行计算，有下式： $$f_1 = \int_0^l \frac{\overline{m_p} m_p}{E_h I_0} \mathrm{d}x$$ 式中　l——计算跨径； 　　m_p——控制应力扣除传力锚固时已完成的预应力损失对计算截面产生的弯矩值； 　　$\overline{m_p}$——单位力作用在跨中，梁的计算截面处的弯矩值； 　　E_h——混凝土的弹性模量； 　　I_0——换算截面的惯性矩。 因此，解决预制梁张拉后起拱度不足的问题，可以在预制梁、板满足结构安全使用的前提下，适当调整预应力、结构刚度大小，减小预应力损失

预防措施	(1) 钢绞线伸长值计算采用同批钢绞线弹性模量实测值。 (2) 张拉设备需进行标定标配，进场钢筋、钢绞线、锚具严格按要求进行进场分批验收。 (3) 按要求控制预应力筋位置及张拉应力值。 (4) 加强施工控制，及时调整预拱度偏差。 (5) 提高张拉台座基础、模板施工质量，按要求进行预压或设置预拱度。 (6) 严格控制张拉混凝土强度，张拉试块与梁板同条件养护，控制混凝土弹性模量
治理措施	(1) 预制梁张拉后，起拱度不够时，应现场实测钢绞线，混凝土的弹性模量，检查整套张拉设备，对设备重新进行核定。 (2) 会同设计单位根据现场实测数据计算预应力梁理论起拱度，调整设计起拱数据，必要时重新进行预应力张拉
推荐工艺	准备工作（张拉设备校正）→梁体检查→钢绞线下料→锚具安装→预应力张拉→伸长量校核→锚固
检验内容	钢尺测量起拱度
验收标准	应符合《城市桥梁工程施工与质量验收规范》CJJ 2—2008 第 5.1.7 条、第 5.1.8 条、第 13.3.1 条。参照《混凝土结构工程施工质量验收规范》GB 50204—2015 第 4.2.7 条的要求

6.8.2 预制梁封端尺寸偏差大、新旧混凝土结合不密实（表 6.8.2）

预制梁封端尺寸偏差大、新旧混凝土结合不密实 表 6.8.2

质量问题示意	

质量问题描述	封端后混凝土突出，且与梁体胶结不足，结合不密实
原因分析	(1) 封端前端口未凿毛，未清洗表面。 (2) 模板尺寸偏差大。 (3) 模板安装不牢固。 (4) 浇筑方法不对（混凝土一次入模太多，入模高度太高等）。 (5) 混凝土配合比坍落度过大
设计措施	(1) 优化封锚混凝土几何尺寸设计，方便施工。 (2) 设计对封锚提出具体要求，如钢筋怎样连接。原梁端混凝土凿毛等
预防措施	(1) 在灌注梁体封端混凝土之前，梁端锚穴周边及梁端口表面应凿毛处理，并将凿毛表面及锚垫板表面清理干净。 (2) 混凝土浇筑前，凿毛表面应洒水湿润，采用与主梁等强度无收缩密实混凝土进行封端浇筑，封端应保证与梁端齐平。 (3) 封端混凝土浇筑前仔细复核模板安装尺寸及模板安装牢固度，不符合要求及时调整，建议采用定型钢模进行封端混凝土施工。 (4) 安装封锚钢筋，采用绑扎加固的方式，严禁将钢筋网电焊在锚垫板上。 (5) 封端后及时养护，保持湿润，养护结束后涂防水涂料。 (6) 端口表面凿毛，并清除多余黏浆、清洗表面。 (7) 封端混凝土浇筑时应分层浇筑，振捣密实
治理措施	(1) 需要把疏松部分凿除，再用高一级的混凝土重新浇筑，浇筑困难时，应考虑留有浇筑簸箕口，28d后再把簸箕口凿除。 (2) 尺寸偏大部分应用专用工具进行打磨直至符合要求
推荐工艺	凿毛→锚具涂刷防水涂料→封锚钢筋安装→封锚→混凝土浇筑→养护
检验内容	施工过程、模板尺寸、混凝土坍落度
验收标准	/

6.8.3 预制梁成品保护不到位（表6.8.3）

预制梁成品保护不到位　　　　　　　表6.8.3

质量问题示意	

质量问题描述	预制梁制作浇筑完成后，成品因外界因素导致梁体变形、遭撞击性破坏等病害
原因分析	按照 6.5.1 的原因分析
设计措施	按设计要求进行拆模；按设计要求进行养护并持续到规定养护日期、强度；成品需放在规定位置，禁止随意触碰或者碰撞
预防措施	按照 6.5.1 的预防措施
治理措施	对混凝土破损处凿除，同接缝混凝土一起浇筑
推荐工艺	同 6.5.1 推荐工艺
检验内容	外观检查、混凝土强度检测
验收标准	应符合《城市桥梁工程施工与质量验收规范》CJJ 2—2008 第 13.3.2 条、第 13.3.3 条、第 13.3.4 条

6.9 后浇带

6.9.1 预应力束同束不同轴（表 6.9.1）

简支变连续体系预制梁负弯矩预应力束同束不同轴　　　**表 6.9.1**

质量问题示意	
质量问题描述	预制梁安装到位后，顶板负弯矩预应力管道不对中，横向偏差大
原因分析	（1）波纹管安装位置偏差过大。 （2）波纹管固定不牢固，钢筋模板施工过程中或混凝土浇筑时振动棒碰触波纹管导致位移。 （3）梁安装偏位

设计措施	（1）设计时应清晰标注预应力束位置。 （2）固定预应力束位置的钢筋应有可靠的固定点和足够数量保证预应力束浇筑时不位移
预防措施	（1）钢筋骨架成型后，由施工人员根据技术交底坐标精确定位，在钢筋骨架上画出相应点位，连线达到设计要求，然后按照连线安装波纹管。 （2）钢束管道位置用定位钢筋加以固定，定位方式可采用 U 形钢筋，直线段每 1m 设置一道，曲线段每 0.5m 设置一道；端头处必须设置定位钢筋。 （3）定位筋牢固焊接在钢筋骨架上，如管道位置与骨架钢筋相碰时，应保证管道位置，对钢筋骨架作相应的调整。 （4）严格按照设计图纸预埋波纹管和进行支座施工，减小梁安装位置误差。 （5）梁安装前精确计算具体位置，并在台帽或梁上做好位置标记，安装过程中及安装后及时复核梁位置，位置偏差大时及时调整或重新校核或调整支座位置
治理措施	凿除部分梁端波纹管，重新对波纹管进行搭接，确保波纹管的线形顺畅
推荐工艺	预制梁骨架制作→预埋件及波纹管定位焊接→调整消除或降低误差→预制梁模板安装→预制梁混凝土浇筑（浇筑前检查预埋件及预应力管道位置，浇筑过程中切勿使振捣棒触碰管道）→预制梁吊装就位
检验内容	钢筋骨架施工时，对波纹管定位进行复核，梁安装前，对波纹管位置和支座位置进行复测
验收标准	应符合《城市桥梁工程施工与质量验收规范》CJJ 2—2008 第 8.4.8 条、第 13.7 条的要求

6.9.2 预制梁翼板预埋钢筋尺寸不够、间距偏大或偏小（表 6.9.2）

预制梁翼板预埋钢筋尺寸不够、间距偏大或偏小 表 6.9.2

质量问题示意	

质量问题描述	预制梁翼板预埋钢筋尺寸和间距不符合要求
原因分析	（1）未按设计要求进行下料。 （2）在梁板钢筋绑扎过程中，未严格按照图纸要求进行钢筋间距的布置。 （3）预埋钢筋固定不到位。 （4）混凝土浇筑过程中成品保护不到位，预埋钢筋被扰动
设计措施	严格按设计间距进行钢筋安装及预埋件安装，适当加强定位钢筋
预防措施	（1）按照设计规范要求的钢筋型号、间距、长度尺寸进行安装。 （2）采取措施对预埋钢筋进行固定，在外侧安装梳齿板确保预埋钢筋的间距均匀，对外露钢筋采用辅助钢筋进行绑扎固定防止在混凝土浇筑过程中钢筋移位。 （3）钢筋及预埋件安装后，做好钢筋绑扎验收工作。发现问题，应按设计要求拆除错误钢筋，按设计要求重新制作安装钢筋。 （4）混凝土浇筑过程中避免振动棒碰撞钢筋，以免造成钢筋位置错位
治理措施	对预埋钢筋位置进行纠偏，或凿出原有预埋钢筋进行焊接接长
推荐工艺	安装预埋件位置测量交接→安装预埋件位置进行划线→钢筋外端设置梳齿板放置预埋钢筋→设置定位钢筋和固定用钢筋固定埋件→合模前预埋件检查验收
检验内容	钢筋尺寸和间距
验收标准	应符合《城市桥梁工程施工与质量验收规范》CJJ 2—2008 第 6.5.5 条、第 6.5.9 条的要求

6.10 支架法现浇梁

6.10.1 预拱度设置不符合要求（表 6.10.1）

预拱度设置不符合要求 表 6.10.1

质量问题示意	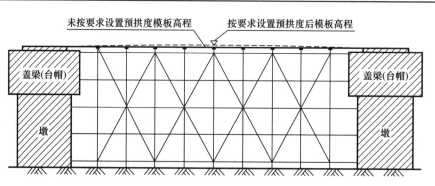

质量问题描述	现浇梁预拱度设置不符合要求，导致梁顶标高及线性不能满足设计要求
原因分析	（1）支架、地基弹性及非弹性变形、支架接头压缩值计算不准确。 （2）未考虑现浇梁自重、静载及施工荷载会产生的变形来设置预拱度。 （3）预压不到位
设计措施	预拱度要综合考虑各方面的因素，达到设计图纸预拱度要求
预防措施	（1）准确计算支架、地基弹性变形及因荷载、预应力产生的徐变，并按要求设置预拱度。 （2）需对场地进行平整压实，确保地基承载力达到要求。 （3）支架安装完成后需进行预压，消除支架、地基非弹性变形及支架接头空隙
治理措施	当发现预拱度不足时，及时调整预拱度
推荐工艺	场地布置、场地平整压实→根据实际情况设置排水系统→支架安装应按照设计验算后的方案进行搭设→搭设前对杆件外观损伤、壁厚等进行检查→搭设过程中认真检查→保证杆件连接紧固→支架预压应消除非弹性变形→并检查、记录其弹性变形值→根据弹性变形值、荷载及预应力产生的徐变计算并设置预拱度
检验内容	施工前：地基承载力检测、支架预压试验
验收标准	应符合《城市桥梁工程施工与质量验收规范》CJJ 2—2008 第 5.1.7 条、第 13.1.1 条的要求

6.10.2 混凝土结构出现裂缝（表 6.10.2）

混凝土结构出现裂缝 　　　　　　　　　　　表 6.10.2

质量问题示意	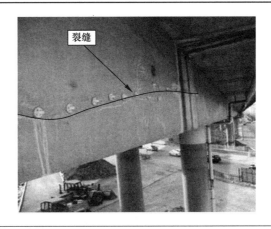
质量问题描述	现浇梁混凝土结构浇筑完成后出现不规则裂缝的质量缺陷情况

原因分析	（1）混凝土原材料性能不合格，粗细集料含泥量过大。 （2）承受荷载；地基、支架不均匀沉降。 （3）混凝土养护不到位。 （4）混凝土强度未达到设计强度要求即进行预应力张拉或过早过大承受荷载。 （5）混凝土浇筑不连续，前后混凝土浇筑时间间隔过长
设计措施	（1）现浇梁的支架设计应牢固、可靠，设计应有预压措施，且应符合规范要求。 （2）设计应按规范明确提出预应力张拉的时间
预防措施	（1）严格按要求对进场原材料进行取料送检，保证原材料质量合格。 （2）防止由于地基处理不当而引起支架下基础产生不均匀沉降，并严格按照要求进行支架预压。 （3）梁的洒水养护以保持表面湿润为原则，或采用间断性的喷淋养护措施，温度较低时采取蒸汽养护措施。 （4）混凝土龄期必须达到设计要求龄期才可进行张拉。做好成品保护措施，混凝土未达到设计要求强度前不可承受过大载荷。 （5）保证本次混凝土浇筑所需的原材料、设备数量满足要求，以及设备运转正常，以消除混凝土浇筑不连续现象
治理措施	及时对裂缝采取封闭或修补措施
推荐工艺	施工准备→场地平整→地基处理→支架系统搭设→支座安装→底模安装→底模支架系统预压→调整标高安装侧模→底板、腹板钢筋加工安装→波纹管安装→内模安装→顶板钢筋加工安装→端模及锚垫板安装→预应力筋制作安装→浇筑混凝土→混凝土养护→拆模→预应力筋张拉→压浆封锚→支架拆除
检验内容	施工前：地基承载力、支架预压试验、混凝土材料试验。 施工后：外观检查、裂缝宽度检测、混凝土强度检测
验收标准	应符合《城市桥梁工程施工与质量验收规范》CJJ 2—2008 第 13.7.2 条的要求

6.11 连续梁桥、悬臂（挂篮）施工梁

6.11.1 合拢段施工线形偏差过大（表 6.11.1）

合拢段施工线形偏差过大 表 6.11.1

质量问题示意	

质量问题描述	合拢段两端偏差过大、线形与设计不符
原因分析	(1) 当悬臂较长时，由于结构的恒载和施工重量将产生较大的挠度，这些施工变形在各节段施工过程中经过不断调整后，将最后反映在合拢段两端。如果高差过大或合拢段施工不当，将不仅使合拢段两端变形过大，还会影响全桥最终的线形和成桥后的受力状态。 (2) 对影响合拢段的各项因素，如温度、临时"锁定装置"的刚度，强度、混凝土工艺、体系转换的方式与时机等考虑不周。 (3) 施工组织、技术措施不当
设计措施	合拢段线形应与桥面连续且相同，不得出现偏差。两边临时固结墩放松一侧，再进行合拢施工
预防措施	(1) 按照设计要求，正确制定合拢段施工顺序。 (2) 临时锁定合拢段两端。 (3) 做好合拢段混凝土浇筑前的准备工作。 (4) 做好合拢段混凝土的浇筑和养护工作。 (5) 按设计要求完成结构体系转换。 (6) 悬臂施工过程中，按线形监控要求调整预抬量及偏转角度
治理措施	(1) 合拢段施工前线形偏差不大时，可进行预压纠偏或临时"锁定装置"进行设置后再进行合拢段施工。 (2) 合拢段施工后，线形偏差不大时可对合拢段处错台打磨修理；线形偏差过大时，可在箱梁内增加体外束
推荐工艺	墩身施工→安装临时及永久支座→墩顶0号块施工→挂篮安装预压→对称循环工艺直至最后悬绕块完成→边跨、次边跨合拢段施工→解除临时固定→中跨合陇段施工→桥面系统及附属工程施工
检验内容	悬臂合拢时，两侧梁体的高差、平面位置偏差
验收标准	应符合《城市桥梁工程施工与质量验收规范》CJJ 2—2008 第 13.7.4 条的要求

6.11.2 边跨现浇段出现较大变形（表6.11.2）

边跨现浇段出现较大变形　　　　表 6.11.2

质量问题示意	
质量问题描述	现浇段或悬臂段线形与设计不符，如边跨跨中挠度过大，甚至出现混凝土裂缝
原因分析	（1）地基、支架不均匀沉降。 （2）过早承受合拢段施工荷载。 （3）混凝土不合格徐变应力作用变形。 （4）混凝土养护不到位
设计措施	加强悬臂施工过程变形控制，及时纠正线形偏差
预防措施	（1）支架基础根据地基承载力和荷载采用换土、桩基础等方法加固基础，减少支架沉降。 （2）根据现浇段的工程量、施工装备、地基承载力等因素选择合适的支架形式和模板系统，确定一次立模浇筑的施工方法。 （3）除进行支架整体刚度和稳定性验算外，可采用预压、设置支架可调底座、预留足够的预拱度和抛高值等措施控制施工最终沉降值。 （4）同 6.10.2 中预应力措施第（3）条
治理措施	/
推荐工艺	同 6.10.2 的推荐工艺
检验内容	施工前：地基承载力、支架预压试验、混凝土材料试验 施工过程中：测量员测量放样、复核
验收标准	应符合《城市桥梁工程施工与质量验收规范》CJJ 2—2008 第 13.7 条的要求

6.11.3 悬臂施工梁中节与节之间出现错台（表6.11.3）

悬臂施工梁中节与节之间出现错台	表 6.11.3
质量问题 示意	
质量问题 描述	箱梁节段的接缝处存在错台现象
原因分析	（1）挂篮施工前未进行预压或预压吨位未达到规范的要求，使得挂篮未完全消除其非弹性变形。 （2）挂篮底模多次周转，形状未及时进行模板修正。 （3）底板后锚固点未张紧，承受混凝土荷载时，易产生较大的非弹性变形。 （4）箱梁的每一个节段的立模高程控制有误，对预拱度未及时进行分析，并修正
设计措施	加强施工测量放样，准确控制节段标高，加强线形监控，及时调整
预防措施	（1）挂篮进场后应对每套挂篮进行预压，以消除其非弹性变形。 （2）尽量采用刚度较高的材料进行施工，如施工木模板则一定要购买质量较好的模板，且需控制周转次数。 （3）对拉杆不宜拉力过大，容易引起模板变形，应多增加几道内撑，这样可保证模板处于顺直、不变形状态。 （4）底板模板后锚点可采用反压千斤顶进行反压，这样能使模板与混凝土接缝更为严密，不容易漏浆。 （5）模板与模板的接缝位置可采用木胶或玻璃胶，把接缝完全密封，使接缝处不漏浆。 （6）模板安装完成后多次复核模板顶面高程，误差超过要求的及时调整。仔细检查模板间接缝是否平整，安装是否牢固

治理措施	对错台处进行打磨修整，使混凝土外表面平顺过渡
推荐工艺	挂篮走行到位（或安装），安装外模；新装挂篮预压，张紧后吊带；检查模板底口包边是否严密；绑扎钢筋、预应力管道、锚具，安装内模；浇筑混凝土；养护、张拉压浆
检验内容	外观检查，线形测量，预压试验
验收标准	应符合《城市桥梁工程施工与质量验收规范》CJJ 2—2008 第 13.7.4 条、第 13.7.5 条的要求

6.11.4 悬臂施工梁中节与节之间出现冷缝（表 6.11.4）

悬臂施工梁中节与节之间出现冷缝 表 6.11.4

质量问题示意	
质量问题描述	悬臂梁浇筑前后节对接处出现明显均匀裂缝
原因分析	（1）前后节段界面未凿毛，界面有油污、泥沙等。 （2）混凝土浇筑前界面未湿润。 （3）混凝土外加剂等配比变化，混凝土有离析现象。 （4）混凝土浇筑不连续，前后盘混凝土浇筑时间间隔过长
设计措施	施工缝处应凿毛，并清理干净，保持湿润并不得有积水，浇筑混凝土前校正模板偏差
预防措施	（1）在施工缝上浇筑混凝土前，应将混凝土表面凿毛，清除杂物，冲洗干净并保持界面湿润，但不应有积水。 （2）界面处涂刷水泥浆。 （3）严格按要求对进场原材料进行取样检测，保证材料合格
治理措施	对冷缝的外表面进行打磨处理，采用水泥砂浆进行封闭

推荐工艺	将界面处混凝土表面凿毛，漏出粗骨料→安装外模→清除界面处杂物，冲净并湿润→浇筑混凝土
检验内容	凿毛处外观检查，浇筑前由专业质检员检查
验收标准	应符合《城市桥梁工程施工与质量验收规范》CJJ 2—2008 第 7.5.5 条、第 7.5.6 条的要求

6.12 连续梁悬臂拼装施工

6.12.1 节段、端面边口有损坏（表 6.12.1）

节段、端面边口有损坏   表 6.12.1

质量问题示意	
质量问题描述	节段断面边缘混凝土崩裂掉落，开裂
原因分析	（1）混凝土强度不足，过早拆模。 （2）混凝土收缩徐变量过大。 （3）节段不匹配。 （4）吊装时晃动过大。 （5）梁段张拉时滑动。 （6）节段胶接时，表面有坚硬石屑黏附，张拉钢索时局部应力过大，造成混凝土崩裂。 （7）预应力施加不对称，造成某一侧应力过分集中，使边口混凝土崩裂
设计措施	/
预防措施	（1）混凝土强度达到要求后方可拆模。 （2）按规定要求养护足够长时间。 （3）采用节段匹配法制梁。 （4）存放、吊装时采取保护措施。

预防措施	（5）保护好剪力键棱角。 （6）节段涂抹胶接剂前，对节段上部（特别是靠近端部）、端面认真清扫，对附在端面上的石屑也应加以清除。 （7）预应力施工时，应做到对称进行。严格按照设计和规范规定的顺序进行张拉
治理措施	对破损的部分应用环氧混凝土进行修补
推荐工艺	块件预制→移运→整修→吊装定位→预应力张拉→施工接缝处理
检验内容	外观质量检查
验收标准	应符合《城市桥梁工程施工与质量验收规范》CJJ 2—2008 第 13.7.5 条的要求

6.12.2 节段拼接不严密（表 6.12.2）

节段拼接不严密　　　　　　　　　　表 6.12.2

质量问题 示意	 拼缝不严密
质量问题 描述	节段之间缝隙较大，接缝宽度不均匀
原因分析	（1）胶水涂抹厚度不足或已凝固。 （2）压胶预应力不足。 （3）梁段不匹配。 （4）界面有杂物
设计措施	提高预制节段施工精度，宜采用工厂预制

预防措施	(1) 根据气温条件选择胶水组分。 (2) 及时、对称张拉预应力。 (3) 采用匹配法制梁。 (4) 涂抹胶水前清除界面杂物
治理措施	对缝隙较大的要进行灌胶处理，最后对外表面进行打磨处理
推荐工艺	同 6.12.1 的推荐工艺
检验内容	胶水材料进场检验，锚具硬度检测及静载锚固性能试验
验收标准	应符合《城市桥梁工程施工与质量验收规范》CJJ 2—2008 第 13.4 条的要求

6.13 钢结构桥

6.13.1 咬边、焊瘤、弧坑等外观缺陷（表 6.13.1）

咬边、焊瘤、弧坑等外观缺陷　　　　　表 6.13.1

质量问题 示意	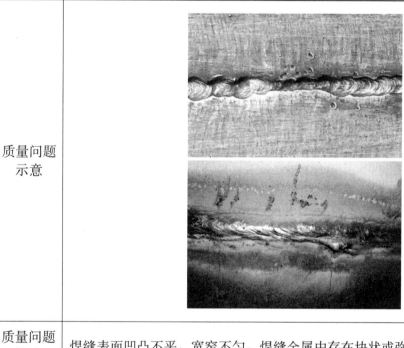
质量问题 描述	焊缝表面凹凸不平，宽窄不匀，焊缝金属中存在块状或弥散状非金属夹渣物
原因分析	(1) 焊工操作不当，焊接参数选择不适。 (2) 焊接气体纯度不够或焊接材料受潮。 (3) 母材受潮、有油污等，未进行打磨、清理。 (4) 温度过低，环境不利（风大）。 (5) 未开坡口或坡口不合适

设计措施	严格按照焊接工艺评定选择焊接方法、焊接参数，检查气体纯度，严格按照规范要求进行焊接区域的清理、打磨
预防措施	（1）加强对焊接操作工人的培训工作，焊接工人应持证上岗。 （2）进行焊接工艺试验，按照焊接工艺评定的选取的焊接方法和焊接参数进行焊接。 （3）焊条、焊丝、焊剂应保持干燥，潮湿天气焊接施工时必须采取相应保证措施。 （4）焊接设备使用的电源网路电压的波动范围应小于7%，焊接导线的截顶应保证供电回路压降小于额定电压的5%，焊接回路电压降小于工作电压的10%。 （5）CO_2气体保护焊在风速超过2m/s的时候应采取良好的防风要求。CO_2气体纯度不低于99.5%。 （6）空气湿度大于80%或钢板潮湿时要经过去潮处理后才能焊接。 （7）焊接前将待焊区域及两侧20~30mm范围内的铁锈、氧化皮、油污、油漆等有害杂物打磨清理干净，露出金属光泽。 （8）焊缝表面应平整、光滑，焊缝余高应平缓过渡，弧坑应填满。不得有凹陷或焊瘤；接头区域不得有裂纹
治理措施	（1）出现焊缝不饱满、夹渣等现象时，应仔细清渣后精心补焊一层。 （2）焊缝焊接完后，应清理焊缝表面的熔渣和两侧的飞溅
推荐工艺	对工程中使用较多的或有代表性的接头形式进行焊接工艺性能试验，以确定最佳的操作方法和焊接规范；结构装配定位焊；熔化极混合气体保护焊
检验内容	涂装前：无损探伤检验。 同一部位的焊缝返修不能超过2次，返修后的焊缝应按原质量标准进行复验，并且合格
验收标准	应符合《城市桥梁工程施工与质量验收规范》CJJ 2—2008第14.2.6条，第14.2.8条，第14.2.9条的要求

6.13.2 气孔、夹渣、未熔合等内部缺陷（表6.13.2）

气孔、夹渣、未熔合等内部缺陷　　　　　　　　　　　表6.13.2

	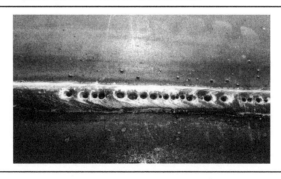

质量问题描述	焊缝存在表面气孔或无损检测时发现内部存在气孔、夹渣、未熔合
原因分析	（1）焊工操作不当，焊接参数选择不适。 （2）焊接气体纯度不够或焊接材料受潮。 （3）母材受潮、有油污等，未进行打磨、清理。 （4）焊道层间清理不彻底，有铁屑、杂物
设计措施	严格按照焊接工艺评定选择焊接方法、焊接参数，检查气体纯度，严格按照规范要求进行焊接区域清理、打磨
预防措施	（1）加强对焊接操作工人的培训工作，焊接工人应持证上岗。 （2）进行焊接工艺试验，按照焊接工艺评定的选取焊接方法和焊接参数进行焊接。 （3）焊条、焊丝、焊剂应保持干燥，潮湿天气焊接施工时必须采取相应保证措施。 （4）焊接设备使用的电源网路电压的波动范围应小于 7%，焊接导线的截顶应保证供电回路压降小于额定电压的 5%，焊接回路电压降小于工作电压的 10%。 （5）CO_2 气体保护焊在风速超过 2m/s 的时候应采取良好的防风要求。CO_2 气体纯度不低于 99.5%。 （6）空气湿度大于 80% 或钢板潮湿时要经过去潮处理后才能焊接。 （7）焊接前应将待焊区域及两侧 20～30mm 范围内的铁锈、氧化皮、油污、油漆等有害杂物打磨清理干净，露出金属光泽
治理措施	（1）每层焊道焊接完毕后，用钢丝刷清理焊道杂物、飞溅，清理干净后才可进行下一层焊道焊接。 （2）焊缝进行外观检测合格后，且焊接 24h 后进行无损检测
推荐工艺	对工程中使用较多的或有代表性的接头形式进行焊接工艺性试验，以确定最佳的操作方法和焊接参数；结构装配定位焊；熔化极混合气体保护焊
检验内容	外观质量检查与无损检测
验收标准	应符合《城市桥梁工程施工与质量验收规范》CJJ 2—2008 第 14.3.1 条的要求

6.13.3 构件变形（表 6.13.3）

构件变形　　　　　　　　　　　　　　表 6.13.3

质量问题示意	
质量问题描述	构件扭曲、旁弯，局部变形
原因分析	（1）焊接变形。 （2）存放不当，起吊点设置不合理。 （3）切割、焊接残余应力释放导致变形。 （4）构件刚度不足
设计措施	构件外形尺寸应满足设计图纸要求，构件分割时要附加临时杆件保证必要的刚度，减少焊接变形，对变形部位进行矫正时应采取合理的措施
预防措施	（1）严格按照《焊接作业指导书》选取焊接方法和焊接参数。 （2）严格按照《焊接工艺规程》指定的焊接顺序进行焊接，尽量采用对称施焊，减少焊接变形。 （3）焊接工作量大且比较容易变形的构件，尽量采用小电流、电压进行焊接，且严格控制每道焊缝焊接冷却间隔时间，减少热量集中输出。 （4）U形肋、T肋、板肋等板单元焊接应在反变形胎架上焊接，通过预加变形来抵消焊接变形。 （5）采用合理的焊接顺序控制变形，不同的工件应采用不同的顺序。 （6）开口薄壁构件增设临时支撑
治理措施	处治措施： （1）对变形的部位进行矫正，加热温度控制在 600～800℃，温度降至室温前，不得锤击或采用水急冷。 （2）矫正后的钢材表面不得有明显的凹痕和损伤。 （3）矫正不得过矫，每次矫正后进行测量

推荐工艺	对工程中使用较多的或有代表性的接头形式进行焊接工艺性能试验，以确定最佳的操作方法和焊接规范；结构装配定位焊；熔化极混合气体保护焊
检验内容	专业质检人员进行外观质量检查
验收标准	应符合《城市桥梁工程施工与质量验收规范》CJJ 2—2008 第 14.3.2 条的要求

6.13.4 涂层脱落（表 6.13.4）

涂层脱落 表 6.13.4

质量问题示意	
质量问题描述	油漆涂层起皮、脱落
原因分析	（1）涂装前构件表面清洁度、粗糙度不满足要求。 （2）每道油漆喷涂间隔时间不合理。 （3）喷涂时空气湿度太大，影响油漆性能。 （4）油漆本身质量不合格。 （5）基层不干燥，有水分。 （6）底漆、面漆匹配选择不当，漆膜间起化学反应。 （7）大气、酸雨等环境侵蚀
设计措施	构件表面清洁度、粗糙度满足设计要求，油漆喷涂施工严格安装供货商提供的油漆性能指标进行

预防措施	（1）严格按照设计图纸要求进行喷砂除锈，表面干燥、无灰尘、无油污、无氧化皮、无锈迹。 （2）喷涂前先检测粗糙度，粗糙度不符合要求时严禁喷涂施工。 （3）油漆施工前应先熟悉油漆性能指标，进行涂装时，稀释剂与涂料的体积比按涂料厂家提供的产品说明书配制。 （4）前期涂装施工必须在供货商技术服务人员的指导下进行。 （5）油漆喷涂施工必须在5～38℃大气温度下进行施工，空气湿度不大于80%，严禁雨雾天气进行涂装作业。 （6）严格按照要求进行涂层附着力检测。 （7）涂装时尽量安排在厂房内进行
治理措施	对涂层起皮处进行打磨处理，重新进行涂层喷涂
推荐工艺	同6.14.1推荐工艺
检验内容	涂装前：钢材表面检查，出厂合格证与厂家提供的材料性能试验报告。 涂装施工：涂装遍数。 涂层：涂层厚度检测、附着力检查
验收标准	应符合《城市桥梁工程施工与质量验收规范》CJJ 2—2008第14.3.1条的要求

6.13.5 涂层厚度不符合要求（表6.13.5）

涂层厚度不符合要求　　　　　表6.13.5

质量问题示意	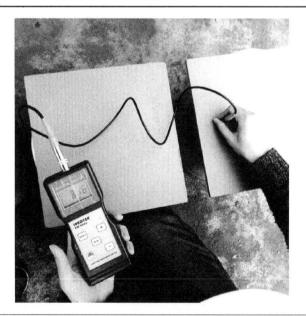
质量问题描述	涂层漆膜厚度不满足要求

原因分析	(1) 喷涂压力过大或距离太远，喷漆量少。 (2) 作业环境风速过大。 (3) 喷涂不均匀，局部喷漆量少。 (4) 稀释剂种类或配合比使用不当，漆雾抵达涂面时，溶剂即挥发
设计措施	每道油漆漆膜厚度均应按设计要求控制，加强施工过程控制
预防措施	(1) 喷涂工人上岗前应先在供货商技服人员的指导下进行培训、练习，充分熟练喷枪使用方法。 (2) 强风天气禁止喷涂施工，如有必要必须采取防风措施。 (3) 用于喷涂的压缩空气系统应配备空气净化装置，保证压缩空气无油、无水、无杂物，出口处空气压力 0.5～0.7MPa。 (4) 严格按照油漆产品说明书使用稀释剂、固化剂
治理措施	对涂层漆膜厚度不符合要求的部位重新进行喷涂
推荐工艺	同 6.14.1 推荐工艺
检验内容	涂装前：钢材表面检查，出厂合格证与厂家提供的材料性能试验报告。 涂装施工：涂装遍数。 涂层干膜：涂层厚度检测
验收标准	应符合《城市桥梁工程施工与质量验收规范》CJJ 2—2008 第 14.2.10 条，第 14.3.1 条的要求

6.14 桥面系

6.14.1 防水涂层厚度不足、裂缝、油包、起泡等现象（表 6.14.1）

防水涂层厚度不足、裂缝、油包、起泡等现象 表 6.14.1

质量问题示意	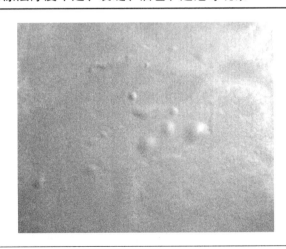
质量问题描述	表观质量差、不透水检测不合格、厚度不足、粘结强度达不到规范要求，有裂缝、油包、起泡等现象

原因分析	(1) 防水基层潮湿、未清理干净，涂装材料与基层粘结不良。 (2) 材料不合格，施工时温度太低，使涂装材料与基层粘结不良。 (3) 施工时温度过高，操作方法不当，造成局部空气未排除而空鼓。 (4) 涂刷遍数不够，漏刷，导致厚度不足。 (5) 涂料过厚或者不均匀、温度过高，导致裂缝出现
设计措施	/
预防措施	(1) 喷涂桥面防水涂料前应先将基层的混凝土浮浆，油污，垃圾等清理干净。 (2) 按要求对进场原材料进行取样送检，不符合要求的材料不允许使用。 (3) 喷涂时要均匀喷涂，喷涂桥面防水涂料第一层时，要在涂料中适当掺加一定量的表面活性剂溶液进行稀释，以促使涂料掺入基层毛细孔隙中，以提高防水涂层的粘结强度和抗剪强度。喷涂第 2~4 遍涂料时，要待上一遍涂料实干后才能喷涂。 (4) 涂装时，高温天气、雨天、大雾、大风或风沙天气不得施工
治理措施	(1) 局部面积空鼓采取划线、切缝及沿线切割，其深度掌握以不伤钢筋为度，下层人工凿除空鼓，清理干净后重新涂刷。大面积空鼓应将桥面全面凿除，再重新涂刷。 (2) 厚度不足时，先进行表面打磨，在涂料中适当掺加一定量的表面活性剂溶液重新喷涂。 (3) 粘结力不强的，对原施工的涂料层进行清除之后再重新对基面进行清理，采用合格的涂料重新进行喷涂
推荐工艺	施工准备（喷涂材料检测）→基层清理干净→喷涂第一层（加入一定量的表面活性剂溶液）→喷涂第 2~4 遍（上一遍涂料实干后再喷涂下一层）→检查验收（厚度等检测）→进入下道工序施工
检验内容	施工前：涂料的原材料。 施工后：涂层厚度检、外观，拉拔实验
验收标准	应符合《城市桥梁工程施工与质量验收规范》CJJ 2—2008 第 20.8.2 条的要求

6.14.2 桥面泄水孔孔口标高高于桥面标高（表 6.14.2）

桥面泄水孔孔口标高高于桥面标高　　　　　　　表 6.14.2

质量问题示意	

质量问题描述	侧向泄水孔或者是桥面泄水孔的进水口比桥面高，泄水孔排水不畅导致桥面积水
原因分析	(1) 由于整体标高控制不当，造成桥面铺装厚度不均，泄水孔偏高。 (2) 测量放样有差错，进水口偏高。 (3) 管件安装误差大，又没加以固定，造成偏高
设计措施	参照《公路桥涵施工技术规范》JTG T F50—2011 第 22.4.3 条、第 22.4.4 条规定
预防措施	(1) 进水口标高应略低于桥面，当桥面铺装标高调整应及时调整进水口标高，以免施工发生标高控制错误。 (2) 测量放样要认真细致、定位准确，标高误差只能是负误差。 (3) 管件安装要根据测定位置安设，要及时固定，安装完之后及时进行标高复测
治理措施	当进水口略高于桥面时应进行打磨处理；当进水口高出桥面无法排水时，应拆除重新安装
推荐工艺	施工准备→钢筋安装（泄水孔预埋，固定牢固，标高复测)→模板安装（模板开口，标高复测)→混凝土浇筑→养护→拆模（标高复测)
检验内容	施工过程中及施工后：泄水孔标高复测
验收标准	应符合《城市桥梁工程施工与质量验收规范》CJJ 2—2008 第 20.8.1 条的要求

6.14.3 桥面铺装出现裂缝 (表 6.14.3)

桥面铺装出现裂缝 表 6.14.3

质量问题示意	
质量问题描述	桥面出现横向裂缝或反射裂缝

原因分析	（1）水泥的水化热高，收缩性大。 （2）铰缝混凝土浇筑不密实，强度未达到设计要求。 （3）连续桥面伸缩缝处的无粘结筋失效，或与桥面隔离效果不成功，伸缩缝混凝土产生无规则裂缝。 （4）桥头跳车及桥面伸缩缝不够平整，高速重载车的冲击和破坏力超过混凝土的强度而出现裂缝。 （5）梁板间横向连接钢构件不牢固，或钢板未焊接。 （6）预制板间未铰接钢筋，梁板侧面凿毛不好，铰缝混凝土剥落；单板受力。 （7）小桥涵桥面铺装薄，横向连接钢筋少，不能形成整体受力状态。 （8）由于支座垫石或支座损坏，导致局部梁板下沉
设计措施	（1）设计连接标准设计桥面连续钢筋。 （2）后浇的桥面连续混凝土应有一定的厚度，桥面连续处钢筋应加强
预防措施	（1）采用水化热低的水泥，混凝土浇筑完成后，加强养护，防止出现收缩裂缝。 （2）加强现场质量检查力度，梁板间横向连接钢构件或钢板必须连接牢固。 （3）桥面连续结构要符合设计要求，无粘结和隔离措施，要确保正常。 （4）严格控制桥台与伸缩缝的施工质量，保证与桥面连接平顺。 （5）装配式梁板，横向连接钢筋必须达到规范要求，焊接牢固。 （6）梁板侧面马蹄部分必须凿毛，铰缝混凝土浇筑前要清扫干净，铰缝混凝土强度要高于梁板混凝土。 （7）严格控制支座垫石浇筑以及支座安装质量，不合格时不允许下道工序施工
治理措施	（1）连续桥面伸缩缝处出现胀缝可采用沥青灌缝，防止漏水。 （2）桥头处伸缩缝应及时处理，桥头跳车，更换伸缩缝。 （3）根据实际情况凿除桥面或铰缝混凝土，清理干净并对梁板顶、侧采取措施使之与新浇筑混凝土紧密结合，并加密桥面钢筋与铰缝钢筋的连接。 （4）当支座出现破坏时应及时进行更换
推荐工艺	按设计要求进行湿接缝、负弯矩、桥台台背及伸缩缝的施工；采用水化热低的水泥。加强对桥台，伸缩缝、支座垫及支座安装的施工质量控制
检验内容	施工前：混凝土原材料性能； 施工后：混凝土强度等
验收标准	应符合《城市桥梁工程施工与质量验收规范》CJJ 2—2008 第 20.8.3 条的要求

6.14.4 桥面纵横坡、平整度偏差大（表 6.14.4）

桥面纵横坡、平整度偏差大 表 6.14.4

质量问题 示意	
质量问题 描述	铺装表面坑洼不平，雨后有水洼，桥面纵横坡、平整度超过了规范要求
原因分析	（1）混凝土水灰比控制不当，影响混凝土的坍落度，混凝土密实度不均匀。 （2）没有控制好标高，或未按控制标高施工。 （3）没有采用机械施工，人工找平时操作不当。 （4）模板固定不到位，摊铺过程产生变形
设计措施	加强标高控制，严格按照设计图纸施工，保证桥面平整
预防措施	（1）严格控制混凝土水灰比，用水量计量准确，保证混凝土坍落度及密实度满足要求。 （2）在桥面铺装施工之前在两侧施工桥面铺装标高带，进行挂线施工。 （3）桥面铺装应采用机械摊铺，振捣梁振捣密实，每一位置振捣至混合料停止下沉不再冒气泡并泛出砂浆为准，不能过振、漏振。振捣的同时用 3m 直尺检查混凝土表面的平整度。 （4）采用轻型修整刷（或修整梳）进行做面、抹平，不得挠动混凝土。 （5）模板固定要牢固可靠，在摊铺前可对模板进行预压、检查，确保摊铺过程中模板不沉陷变形及倾斜
治理措施	对坑洼严重部位进行切缝、凿除，再进行找平处理
推荐工艺	施工准备→测量放线→扎桥面钢筋网→设置高程控制带（梁板顶面按事先定好的高程点焊接可调式角钢）→浇筑混凝土（挂线施工；机械摊铺；平板振动器振捣密实）→轻型修整刷（或修整梳）进行做面、抹平（不得扰动混凝土）

检验内容	施工过程中：标高测量；平整度检测
验收标准	应符合《城市桥梁工程施工与质量验收规范》CJJ 2—2008 第 20.8.3 条的要求

6.14.5 伸缩缝跳车（表 6.14.5）

伸缩缝跳车 表 6.14.5

质量问题示意	
质量问题描述	与伸缩缝衔接的两侧路面破损、伸缩缝变形，车辆在通过时发生跳车等不良现象
原因分析	（1）伸缩装置两侧的角钢与型钢高差大。 （2）橡胶板伸缩缝的板面凹凸不平或相接处桥面铺装不平。 （3）伸缩缝装置的固定螺栓松动、失效。 （4）与伸缩装置连接处的混凝土强度不足，产生破坏
设计措施	参照《公路桥涵施工技术规范》JTG T F50—201 第 22.3.2 条规定
预防措施	（1）校正伸缩缝角钢或型钢，使其线形与桥面标高一致；两根角钢高差符合设计要求。 （2）橡胶板安装要根据季节和气温控制其温差预留量，使温度变化后橡胶板不会拱起或凹下，保持平整状态。 （3）伸缩缝附近桥面保持平整。 （4）固定螺栓应紧固可靠，处于经常振动和反复荷载作用部位的螺栓应有防振止松措施。 （5）严格控制伸缩缝两侧混凝土浇筑质量
治理措施	（1）当伸缩缝装置变形较小时，应及时进行校正。 （2）当伸缩缝装置损坏至一定程度时，应及时进行修复、更换
推荐工艺	施工准备→测量放样（标高复测）→伸缩缝钢筋焊接（固定螺栓固定到位，不能松动）→保护层混凝土浇筑（混凝土质量合格，标高与两侧桥面标高一致）

检验内容	施工过程中：桥面铺装标高复测。 施工后：桥面铺装混凝土强度
验收标准	应符合《城市桥梁工程施工与质量验收规范》CJJ 2—2008 第20.8.4条的要求

6.14.6 桥面伸缩缝不贯通（表6.14.6）

桥面伸缩缝不贯通　　　　　　　　　　表6.14.6

质量问题 示意	
质量问题 描述	梁与桥台台帽背墙之间、两梁端相接处没有间隙；混凝土防撞护栏伸缩缝与桥面伸缩缝不贯通
原因分析	（1）混凝土防撞护栏施工时，未考虑伸缩缝预留位置。 （2）预制梁尺寸不符合要求
设计措施	参照《公路桥涵施工技术规范》JTG T F50—2011 第22.3.2条规定
预防措施	（1）混凝土防撞护栏施工时，伸缩缝预留应与桥面伸缩缝预留位置要一致并完全断开。 （2）预制梁严格按设计要求尺寸施工
治理措施	（1）当混凝土防撞护栏伸缩缝不贯通时，重新进行切通缝处理。 （2）当梁端尺寸偏大，两梁端之间或梁与桥台帽背墙之间没有间隙时，应打磨梁端，确保伸缩缝宽度并调直伸缩缝
推荐工艺	附属构筑物伸缩缝预留位置准确；梁封端模板尺寸准确
检验内容	梁施工过程中：梁的尺寸
验收标准	应符合《城市桥梁工程施工与质量验收规范》CJJ 2—2008 第20.8.4条的要求

6.14.7 伸缩缝锚固区混凝土破坏（表 6.14.7）

伸缩缝锚固区混凝土破坏　　　　　　　表 6.14.7

质量问题示意	
质量问题描述	锚固区混凝土出现局部破坏，伸缩缝混凝土表面出现裂缝
原因分析	（1）伸缩缝装置本身刚度不够，锚固件强度不足，在荷载反复作用下，产生不同程度破坏。 （2）施工方式不当，材料选择不当，间距没有按设计要求设置，定位角钢位置不正确，锚固钢筋焊接不牢固，或预埋钢筋的位置不准确，填充混凝土强度，养护时间，粘结性和平整度等未能达到设计标准，梁板的预制作与安装不符合设计要求。 （3）伸缩缝里的东西，日常清理维护不到位
设计措施	参照《公路桥涵施工技术规范》JTG T F50—2011 第 22.3.2 条规定
预防措施	（1）加强原材料的质量控制，进场的伸缩缝、异形钢材和橡胶条等配件应与设计相符；伸缩缝的长度由厂家人员到现场量测，根据实际长度进行加工，以消除设计与实际长度误差，便于安装；异形钢材在运输过程中要轻装轻放，不能损毁或变形；在堆放时用枕木垫高，避免风吹雨淋。 （2）桥梁伸缩缝的切缝，清槽按预留槽口宽度用切缝机进行切缝。切缝时应注意切口完好，无啃边现象，并及时清除槽内沥青混凝土及填料，凿毛槽口内表面。安装时，检查槽内预埋钢筋是否裂缝或折断，否则采取补救措施，应保证预埋钢筋与伸缩缝隙的锚环牢固焊接，如果发现钢梁变形或间距不一致时应进行修整。安装时伸缩缝中心线与实际预留缝中心线要重合，并缓缓放入槽内，偏差不得超过设计允许范围，并根据纵横坡和标高调整，其钢梁顶面比相邻沥青混凝土路面低 1~2mm，不得超过路面标高。 （3）混凝土浇筑前，对槽区内混凝土面进行凿毛处理，以增加新、老混凝土粘结。伸缩缝混凝土浇筑完成后应及时进行养护。

预防措施	（4）预埋筋与主梁钢筋连接必须牢固、与型梁与两侧路面标高必须平顺，模板应牢固、严密，模板内洁净，浇筑混凝土前槽内应清理干净，为防止混凝土进入型钢内侧沟槽内，应在异型钢上面用胶布封好。 （5）如果先摊铺路面后安装伸缩缝，在摊铺路面之前，必须先清理预留间隙并嵌填泡沫板，再用砂袋及级配砂袋填实槽口。填的标高以控制沥青不会污染预埋钢筋为宜
治理措施	当伸缩缝装置损坏至一定程度时，应及时进行修复、更换
推荐工艺	施工准备（现场测量定制伸缩缝，原材验收）→切缝（切缝机切割）→凿毛→缝内清理干净→测量放样（标高复测）→伸缩缝钢筋焊接（固定螺栓固定到位，不能松动）→保护层混凝土浇筑（混凝土质量合格）→养护
检验内容	施工前：伸缩缝性能。 施工后：混凝土强度
验收标准	应符合《城市桥梁工程施工与质量验收规范》CJJ 2—2008 第 20.8.4 条的要求

6.14.8　伸缩缝缝宽不一致（表 6.14.8）

伸缩缝缝宽不一致　　　　　　　　　表 6.14.8

质量问题示意	
质量问题描述	梁安装后，梁端伸缩缝宽度有的比设计缝宽大出许多，有的很小甚至没有缝隙，造成伸缩装置安装困难或无法安装
原因分析	（1）预制梁长度误差不符合要求。 （2）安装时梁的两端缝宽不一，梁偏向了一端
设计措施	参照《公路桥涵施工技术规范》JTG T F50—2011 第 22.3.2 条规定
预防措施	（1）严格控制预制梁尺寸和斜交梁的方向角度，确保准确无误。 （2）梁安装时要按测量放样的位置安放，要使梁两端缝的宽度均匀

治理措施	局部位置进行返工，重新浇筑伸缩缝处混凝土
推荐工艺	墩台平面位置准确；安装梁时控制好安装位置，梁两端缝宽均匀
检验内容	梁施工过程中：梁的尺寸、位置
验收标准	应符合《城市桥梁工程施工与质量验收规范》CJJ 2—2008 第 20.8.4 条的要求

6.14.9 护栏线形不顺直、安装不牢固（表 6.14.9）

护栏线形不顺直、安装不牢固 　　　　　　　表 6.14.9

质量问题示意	
质量问题描述	混凝土防撞护栏线形不直顺，突进突出，呈折线型；金属栏杆与预埋筋连接不牢固，出现松动现象
原因分析	（1）栏杆模板安装时，测量放样时出现较大的误差或模板安装时没有调整直顺度、精度差。 （2）模板刚度或加工精度不够，制作粗糙，模板固定不牢固，混凝土浇筑施工过程产生移动、胀模、跑模现象。 （3）预埋筋连接不牢固，出现松动现象；金属栏杆与预埋筋连接处的螺栓或焊点、法兰连接不牢固，出现松动现象
设计措施	加强施工控制，严格按照设计提供的线形施工，保证线形顺直
预防措施	（1）放样时对于直线段，宜不超过每 10m 测 1 个护栏内边缘点并挂通线进行模板定位调节；曲线段应根据实际计算确定，并应根据放样点弹出护栏内边线，立模时可根据该线进行微调，保证护栏线形顺畅。 （2）预埋钢筋时，应安装牢固，不得出现松动现象。

预防措施	（3）模板宜采用整体式钢模，具有足够的强度和刚度。模板交角处宜采用倒圆角处理，使其线形平顺，模板加工时应综合考虑桥面竖曲线及梁体上拱等因素，使施工缝间距均匀一致美观，并有利断缝的设置，模板长度宜为 2～5m，以保证纵向线形顺适。 （4）护栏模板的安装应按模板试拼的编号进行，模板之间的接缝宜采用双面胶粘贴于模板接缝处，模板与桥面之间的接缝宜采用橡胶条等材料进行填缝。支模时宜在顶部和底板各设一道对拉螺杆，或采用其他固定模板装置，同时应在模板内设置内支撑，待混凝土浇筑至此位置时，拆除其支撑。 （5）浇筑混凝土时避免直接碰撞或拉动钢筋，造成偏位。拆模后，应及时对混凝土表面残渣进行清理，保持混凝土面的洁净与平顺。 （6）金属护栏安装时与预埋件必须焊接、螺栓连接或法兰连接牢固
治理措施	/
推荐工艺	全站仪放样定位；采用整体式定制钢模；模板安装前进行试拼安装，模板编好号；模板必须支撑牢固；金属护栏安装与预埋件焊接牢固
检验内容	施工过程中：模板平面位置、平整度检测、高程复测
验收标准	应符合《城市桥梁工程施工与质量验收规范》CJJ 2—2008 第 20.8.6 条的要求

6.15 附属工程

6.15.1 桥头跳车（表 6.15.1）

桥头跳车   表 6.15.1

质量问题示意	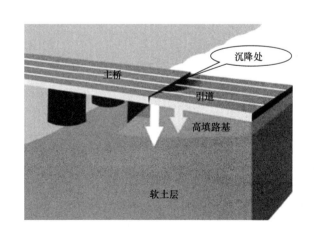
质量问题描述	桥头路面出现显著的高差（台阶），从而导致车辆通过时产生跳跃的现象

原因分析	(1) 桥涵基础与路基基底的承载力不一致，在相同的荷载作用下，基础沉降量存在差异（一般桥涵基础沉降量较小，而路基基底沉降量较大），特别是软基地段，这种差异更大。 (2) 桥涵混凝土结构（刚性）与路基路面的结构性质（半刚性和柔性）不同，在两种不同结构性质的交接处，必然会有差异 (3) 施工质量差，台背回填压实度达不到规范要求，造成台背沉降
设计措施	台背回填应分层压实到位，有必要的情况下可采取相应措施予以加强，如注浆、高压旋喷桩等地基处理措施
预防措施	(1) 对桥台进行沉降观测，沉降充分以后方可进行桥台回填。 (2) 台背回填宜采用粗颗粒材料填筑桥台两端路堤，或者设置一定厚度的稳定土结构层；属高填方时，应尽量使用内摩擦角大的填料进行分层填筑。 (3) 在台背回填段对基底进行基底处理，保证有足够的基底承载力。 (4) 路基先施工时，在稳定的土体上开挖反向的土质台阶再施工台背回填段，台阶的宽度为3m，每层填料的松铺厚度不超过20cm。 (5) 台背回填时，宜采用机械碾压，对于压路机碾压不到的耳墙附近等部位，采用小型夯实机具补充夯实，耳墙下的部位可采用人工用木杠捣实。 (6) 台背填土应与锥坡同步分层填筑。靠近桥台台背的路基施工段端头在路基每层填土时应预留1m宽台阶，并做成反向坡度，使台背填土能够与路基填土很好地结合。 (7) 对于肋板式或柱式桥台，应先回填，后施工盖梁，以保证台前、台后、肋板间的填料能够得到充分压实。 (8) 在台背回填后，应在范围内的适当位置设置沉降观测标志发现问题及时处理。 (9) 如桥台后路基沉降短期内无法完成，则可在桥头一定范围内铺设过渡性路面，待路堤沉降稳定再铺原设计路面。 (10) 设置完善的排水设施，施工中要保证排水坡度，设置必要的地下排水设施，也可以在桥台与填方的结合处及过渡段的路面下设垫层，防止路面下渗水进入填方体。 (11) 为使回填材料有充足的沉降时间，桥头两侧路面基层及桥头搭板宜尽可能滞后施工
治理措施	当路面完成后产生沉降时，在桥涵构造物两端形成台阶，台阶高度一般小于2cm时，对车速的影响不太严重，可以不予修复。当台阶高度逐步增大时对跳车的影响将大为加剧，应予修补，可采取更换填料、采用半刚性基层以及加铺沥青混凝土等措施
推荐工艺	施工准备（回填材料检测）→基底处理（承载力合格）→基底清理干净（基底无积水）→开挖台阶→分层回填（松铺厚度不超过20cm）→分层碾压（机械碾压，边角部位小型打夯机夯实）

检验内容	施工前：粗骨料的筛分、含泥量；桥台沉降观测。 施工过程：压实度
验收标准	应符合《城市桥梁工程施工与质量验收规范》CJJ 2—2008 第 11.5.7 条、第 21.4 条的要求

6.15.2 锥坡冲刷、沉陷 （表 6.15.2）

锥坡冲刷、沉陷　　　　　　　　　　　　表 6.15.2

质量问题示意	
质量问题描述	由于土基压实度未达到设计要求，坡体出现局部沉陷、下沉现象；坡面防护勾缝空鼓、脱落，内部土体直接受水系冲刷，造成开裂、垮坡现象
原因分析	（1）桥台前侧填土不密实导致锥坡、护坡沉降。 （2）护坡强度不够，渗水导致桥台滑移、倾斜，导致锥坡、护坡位移。 （3）锥坡坡脚处的河床或地基由于河水或者雨水冲刷、掏空。 （4）防冲刷构造物失去作用或达不到预定的防护功能
设计措施	参照《公路桥涵施工技术规范》JTG T F50—2011 第 14.6.1 条规定
预防措施	（1）在大孔土地区，应检查锥坡基底及其附近有无陷穴，并彻底进行处理。 （2）锥体填土应分层夯实，填料一般以黏土为宜，锥坡填土应与台背填土同时进行，并应按设计宽度一次填足。 （3）砌体锥坡砌筑时，放样应拉线张紧，保证坡面表面平顺，锥坡片石背后应按规定设置。 （4）浆砌片石锥坡，应在填土基本稳定后进行，面层应选用修整过的大面平整的片石，浆砌片石应填密实，不得有孔洞。用砂浆勾缝时，宜在片石护坡砌筑完成后间隔一段时间，待锥体稳定再进行勾缝，以减少灰缝开裂。 （5）锥坡与路肩或地面的联结必须平顺，以利排水，避免砌体背后冲刷或渗 　　透坍塌

治理措施	对于出现坍塌、沉陷的部位，将浆砌片石挖开，在里面填三灰土，或者回填材料并夯实，之后向里面灌水泥浆，饱和后将砌片石再砌好。河床地段，应重新施工防冲刷结构物
推荐工艺	锥坡与台背同时回填到位→测量放线→锥坡坡面设反滤层→锥坡坡面砌筑（挂线施工，面层大面平整的石块，砂浆饱满）→勾缝（锥体稳定后行）
检验内容	施工前：土的击实性能、液塑限等；片石强度。 施工过程中：锥坡填筑压实度；坡面砌筑时砂浆强
验收标准	应符合《城市桥梁工程施工与质量验收规范》CJJ 2—2008 第 11.5.7 条、第 21.4 条的要求

6.16　钢筋制作及安装

6.16.1　钢筋骨架变形（表 6.16.1）

钢筋骨架变形　　　　　表 6.16.1

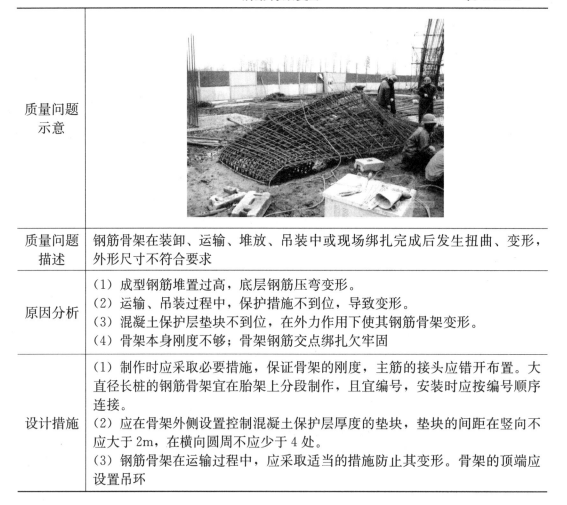

质量问题示意	
质量问题描述	钢筋骨架在装卸、运输、堆放、吊装中或现场绑扎完成后发生扭曲、变形，外形尺寸不符合要求
原因分析	（1）成型钢筋堆置过高，底层钢筋压弯变形。 （2）运输、吊装过程中，保护措施不到位，导致变形。 （3）混凝土保护层垫块不到位，在外力作用下使其钢筋骨架变形。 （4）骨架本身刚度不够；骨架钢筋交点绑扎欠牢固
设计措施	（1）制作时应采取必要措施，保证骨架的刚度，主筋的接头应错开布置。大直径长桩的钢筋骨架宜在胎架上分段制作，且宜编号，安装时应按编号顺序连接。 （2）应在骨架外侧设置控制混凝土保护层厚度的垫块，垫块的间距在竖向不应大于 2m，在横向圆周不应少于 4 处。 （3）钢筋骨架在运输过程中，应采取适当的措施防止其变形。骨架的顶端应设置吊环

预防措施	（1）施工现场可根据结构情况和现场运输条件，先分步预制成钢筋骨架或钢筋网片，入模就位后再焊接或绑扎成整体骨架。 （2）成型钢筋堆放要整齐，不宜过高，不应在钢筋骨架上操作；大型钢筋骨架存放时，层与层之间应设置木垫板。 （3）运输、起吊钢筋骨架时，要轻吊轻放，尽量减少搬运次数，装卸、运输、吊装较长钢筋骨架时，应设置托架；钢筋吊装时，吊点应分布均匀，可在钢筋的部分交叉点处施焊或用辅助钢筋加固。 （4）混凝土垫块设置到位，绑扎牢固，为保证钢筋骨架的整体刚度，宜根据安装需要在其间隔处设立一定数量的架立钢筋（马凳筋）或短钢筋，但架立钢筋或短钢筋的端头不得伸入混凝土保护层内
治理措施	对已变形的钢筋骨架要进行修整，变形严重的钢筋应予调换
推荐工艺	钢筋绑扎牢固（垫块安装牢固）→堆放（层高不宜过高，层数不宜超过2层，层间设置垫板）→钢筋运输（机械运输，机械吊装）→安装（轻拿轻放）
检验内容	钢筋焊接接头性能检测。钢筋骨架变形监测
验收标准	应符合《城市桥梁工程施工与质量验收规范》CJJ 2—2008第6.5条的要求

6.16.2 同截面钢筋接头百分率不符合要求（表6.16.2）

同截面钢筋接头百分率不符合要求 表6.16.2

质量问题示意	
质量问题描述	在绑扎或安装钢筋骨架时发现同一截面内受力钢筋接头过多，其截面面积占受力筋总截面积的百分率超出规范标准
原因分析	（1）钢筋配料时没有认真考虑原材料长度。 （2）分不清钢筋位于受拉区还是受压区
设计措施	参照《公路钢筋混凝土及预应力混凝土桥涵设计规范》JTG D 62—2004第9.1.9条规定
预防措施	（1）计划好搭接长度，配料时要考虑错开同一截面的接头问题。 （2）在钢筋骨架加工时，发现接头设置不符规范要求，应立即通知技术人员重新考虑钢筋搭接错位设置方案。

预防措施	（3）如分不清受拉或受压区时，接头设置均应按受拉区的规定办理。 （4）在任一焊接或绑扎接头长度区段内，同一根钢筋不得有两个接头，在该区段内的受力钢筋，其接头的截面面积占总截面面积的百分率应符合下列要求：主钢筋绑扎搭接接头同一连接区段内（钢筋绑扎搭接接头连接区段为1.3倍搭接长度）受拉区接头面积最大百分率为25%，受压区接头面积最大百分率为50%；主钢筋焊接接头、机械连接接头同一连接区段内（接头长度区段内是指35倍钢筋直径且不小于500mm长度范围内）受拉区接头面积最大百分率为50%，受压区不受限制。 （5）钢筋接头部位横向净距不得小于钢筋直径，且不得小于25mm
治理措施	一般情况下，同截面钢筋接头百分率不符合要求时，重要构件应拆除返工。如属一般构件，则可采用加焊帮条的方法解决，或将绑扎搭接改为电弧焊搭接
推荐工艺	下料准确；钢筋安装前先进行钢筋分布图
检验内容	同截面钢筋接头百分率
验收标准	应符合《城市桥梁工程施工与质量验收规范》CJJ 2--2008 第 6.5.3.2 条的要求

6.16.3 钢筋搭接长度不够（表 6.16.3）

钢筋搭接长度不够 表 6.16.3

质量问题示意	
质量问题描述	焊接搭接长度、绑扎搭接长度不足
原因分析	（1）钢筋下料长度不够。 （2）忽略受力筋搭接长的规定
设计措施	参照《公路钢筋混凝土及预应力混凝土桥涵设计规范》JTG D 62—2004 第9.1.8条规定

预防措施	（1）在施工现场做好绑扎搭接以及焊接的样板展示区，并对操作工人做好交底工作。 （2）认真核对图纸和熟悉规范要求，精确计算配料单，钢筋下料和配料应由专人进行，并在每根钢筋的搭接处做好记号，加强自检力度，每批钢筋检查合格后方准予绑扎或焊接。 （3）钢筋安装时核对配料单和构件尺寸，仔细研究各号钢筋绑扎安装顺序和步骤，及时检查钢筋搭接长度
治理措施	焊接搭接长度不足的采取帮条焊的形式进行加固处理，加固帮条焊焊接长度应满足规范要求；绑扎搭接长度不足的可以采取加绑的方式或者是焊接加固的方式进行处理；对于情节特别严重的应拆除返工处理
推荐工艺	样板展示区→施工准备（技术交底，培训）→钢筋下料（在接头位置标记记号）→钢筋表面清理→焊接（二氧化碳保护焊）→检查验收
检验内容	钢筋搭接长度
验收标准	应符合《城市桥梁工程施工与质量验收规范》CJJ 2—2008 第 6.3 条、第 6.5 条的要求

6.16.4　钢筋电弧焊焊缝不饱满、焊渣多（表 6.16.4）

钢筋电弧焊焊缝不饱满、焊渣多　　　　　表 6.16.4

质量问题示意	
质量问题描述	焊缝表面凹凸不平，宽窄不匀，焊缝金属中存在块状或弥散状非金属夹渣物
原因分析	（1）焊工操作不当，焊接参数选择不适，焊条不合格。 （2）准备工作未做好或操作技术不熟练引起夹渣。夹渣也可能来自钢筋表面的铁锈、氧化皮、水泥浆等污物，或焊条药皮渗入焊缝金属所致。多层施焊时，熔渣没有清除干净，也会造成层间夹渣

设计措施	明确焊缝要求，重要接头采用其他机械连接方式，提高焊接工艺水平
预防措施	（1）加强对焊接操作工人的培训工作，焊接工人应持证上岗。 （2）有条件的情况下采用二氧化碳保护焊，条件不足的，应根据钢筋牌号、直径、接头形式和焊接位置，选择焊条、焊接工艺和焊接参数。 （3）采用焊接工艺性能良好的焊条，焊条应保持干燥。 （4）焊接之前必须清除钢筋焊接处的铁锈和油污；钢筋坡口加工应由专人负责进行，不得采用电弧切割；气割溶渣及氧化皮，焊前需要清除。钢筋端部的扭曲、弯折应予以矫直或切除。多层施焊时，应层层清除焊渣，引弧应在垫板、帮条或形成焊缝的部位进行，不得烧伤主筋。施焊中，应适当将电弧拉长，利用电弧热量和吹力，将熔渣吹到旁边或后边，来预防夹渣。 （5）焊缝表面应平整、光滑，焊缝余高应平缓过渡，弧坑应填满。不得有凹陷或焊瘤；接头区域不得有裂纹，禁止在下雨天进行焊接操作施工，加大对焊接完接头的外观质量检测频率。 （6）帮条焊接头或搭接焊接头的焊缝厚度不应小于主筋直径的0.3倍，焊缝宽度不应小于主筋直径的0.8倍。 （7）焊接完成后，应及时将焊渣敲掉，接头处用小锤敲击时，应发出与原钢筋同样的清脆声
治理措施	出现抽样检验不饱满、夹渣等现象时，应仔细清渣后精心补焊一层
推荐工艺	施工准备（工艺试验，技术交底，培训，材料检验）→钢筋下料（切割机切割）→钢筋表面清理→焊接（二氧化碳保护焊）→检查验收
检验内容	焊条性能；钢筋性能；焊接接头做拉伸试验等性能检测
验收标准	应符合《城市桥梁工程施工与质量验收规范》CJJ 2—2008第6.3条、第6.5条的要求

6.16.5 钢筋焊接不在同一轴线上（表6.16.5）

钢筋焊接不在同一轴线上 表6.16.5

质量问题示意	
质量问题描述	钢筋焊接两端钢筋不在同一轴线上

原因分析	(1) 钢筋加工工人质量意识差。 (2) 搭接焊时，两根焊接的钢筋，其搭接端部没有预弯，导致端部钢筋不同轴
设计措施	/
预防措施	(1) 钢筋加工工人加工前对其进行培训、交底，加强现场自检频率。 (2) 采用搭接电弧焊时，两钢筋搭接端部应预先折向一侧（角度根据焊缝长度确定），使两结合钢筋的轴线保持一致
治理措施	采用帮条焊进行加强处理
推荐工艺	钢施工准备（技术交底，培训）→钢筋下料（切割机切割）→钢筋预弯→钢筋表面清理→焊接（二氧化碳保护焊）→检查验收
检验内容	全数检查，目测
验收标准	应符合《城市桥梁工程施工与质量验收规范》CJJ 2—2008第6.3条、第6.5条的要求

6.16.6　钢筋机械连接不符合要求（表6.16.6）

钢筋机械连接不符合要求　　　　　　　　　表6.16.6

质量问题示意	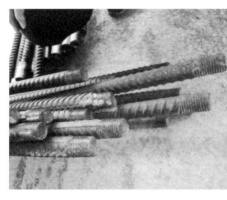
质量问题描述	(1) 螺纹端头没有打磨平整，成马蹄形缺陷。 (2) 加工好的螺纹接头没有采取保护措施。 (3) 外露丝扣过多或过少。 (4) 钢筋对接连接时不到位，对接钢筋间间隙过大。 (5) 接头扭力值不符合要求
原因分析	(1) 加工人员加工水平差，操作不规范。 (2) 直螺纹端头没有进行打磨，丝头加工好后没有采取保护措施，导致丝头被碰坏。 (3) 车丝机车丝行程设置不当，导致有效丝数过多或过少。

原因分析	（4）接头的扭紧力矩值没有达到标准或漏拧。 （5）未采用匹配法制造钢筋笼。 （6）车丝前未切除钢筋头
设计措施	/
预防措施	（1）钢筋加工前应逐一检查，距钢筋端头不得有影响直螺纹加工的质量缺陷，不得粘结沙土、砂浆等附着物，若有，则用钢丝刷清除干净。钢筋应先调直再下料。 （2）禁止使用电焊切割或气割，一律采用切割机切割，对采用电焊切割的材料全部做报废处理。 （3）钢筋头应切平或镦平，并精细打磨后才能加工螺纹，切口端面应与钢筋轴线垂直，不得有马蹄形或翘曲，否则应切除端头不规则段。对现场没有进行磨平的钢筋进行返工处理，将加工好的螺纹及时套装套筒或塑料保护罩，以免在吊装、运输过程中损伤螺纹，影响施工质量。 （4）滚轧钢筋直螺纹时，应采用水溶性切削润滑液，当气温低于0℃时，应掺入15%～20%的亚硝酸钠，不得用机油作切削润滑液或不加润滑液滚轧丝头。加工丝头的牙形、螺纹必须与连接套的牙形、螺距一致。 （5）严格控制螺纹成型后丝扣的有效长度，用游标卡尺进行检测。 （6）钢筋丝头宜满足6f级精度要求，应用专用直螺纹量规检验，通规能顺利旋入并达到要求的拧入长度，止规旋入不得超过3p。 （7）每根钢筋加工好后，在钢筋上做好预拼接编号。 （8）安装接头时应两人同时用管钳扳手两端拧紧，应使钢筋丝头在套筒中央位置相互顶紧。标准型接头安装后的外露螺纹不宜超过2p。拧紧值应不小于下表规定： **直螺纹接头安装时的最小拧紧扭矩值** 表格见下

直螺纹接头安装时的最小拧紧扭矩值

钢筋直径（mm）	≤16	18～20	22～25	28～32	36～40
拧紧扭矩（N·m）	100	200	260	320	360

治理措施	对于外露丝超过要求的接头，应重新拧紧接头或进行加固处理，可采用电弧焊贴角焊缝加以补强
推荐工艺	直螺纹加工：施工准备（技术交底、培训）→场地平整→安放滚轧直螺纹机→钢筋调直、切割机下料→剥肋滚轧螺纹（采用水溶性切削润滑液）→丝头质量检查（游标卡尺；通、止规）→带保护帽。 直螺纹安装：钢筋就位→拧下钢筋保护帽→接头拧紧→做标记→检查验收

检验内容	(1) 施工前：直螺纹套筒性能。 (2) 施工过程中：连接接头做拉伸试验；通、止规检查加工完后的钢筋丝头
验收标准	应符合《城市桥梁工程施工与质量验收规范》CJJ 2—2008 第6.3条、第6.5条的要求

6.16.7 钢筋保护层厚度不足（表6.16.7）

钢筋保护层厚度不足　　　　　　　　　　表6.16.7

质量问题示意	
质量问题描述	钢筋保护层实测不符合规定，钢筋混凝土模板拆除后出现露筋
原因分析	(1) 钢筋下料、安装不准确，钢架骨架整体偏位，或定位钢筋设置不到位，被踩踏变形、下沉，导致保护层厚度偏大或偏小。 (2) 模板刚度不足，模板安装、固定不牢固，混凝土浇筑过程中跑模导致保护层厚度偏大或偏小。 (3) 保护层垫块未采用统一规格垫块，厚度或数量不足；强度不足，安装过程中局部踩坏；绑扎不牢固，混凝土浇筑、振捣过程中，造成垫块移位、掉落
设计措施	参照《公路钢筋混凝土及预应力混凝土桥涵设计规范》JTG D62—2004 第9.1.1条、第9.1.2条规定
预防措施	(1) 钢筋下料安装力求准确，骨架偏差应控制在允许偏差范围之内。 (2) 模板安装固定必须确保强度、刚度、稳定性，浇筑前应进行检查，浇筑过程中应注意复核。 (3) 购买或制作强度达标、规格统一、厚度满足要求的垫块。

预防措施	（4）钢筋保护层垫块应确保每平方不少于3个。 （5）焊接定位钢筋，确保结构尺寸及保护层厚度。 （6）浇筑混凝土前，应检查钢筋位置和保护层厚度是否准确，垫块绑扎是否牢固，发现问题应及时修整。 （7）浇筑过程中，如有垫块移位造成骨架偏位，应及时修整
治理措施	范围不大的轻微露筋可用水泥砂浆堵抹。为保证修复砂浆与原混凝土可靠结合，原混凝土用水冲洗、铁刷刷净、表面湿润，水泥砂浆中掺107胶加以修补；重要部位露筋经技术鉴定后采取专门补强方案处理
推荐工艺	施工准备（垫块进场验收、送检；模板刚度检查）→钢筋制作、安装（定位钢筋安装到位）→安装保护层垫块（每平方米不少于3个）→模板安装（牢固）→检查验收（垫块是否绑牢）→混凝土浇筑（垫块是否位移，及时调整）
检验内容	钢筋保护层厚度检测
验收标准	应符合《城市桥梁工程施工与质量验收规范》CJJ 2—2008 第 6.4.5 条的要求

6.17 预应力张拉及压浆

6.17.1 波纹管定位不准确（表 6.17.1）

波纹管定位不准确 表 6.17.1

质量问题描述	波纹管在现场安装过程中未按照设计图纸的位置进行安装，实际的波纹管位置与设计图纸上的位置有明显的差别。导致穿钢绞线时发生穿不过去或穿起来很吃力的情况，从而导致后面的张拉预应力损失大，压浆困难等问题
原因分析	（1）波纹管刚度较差，安装后局部变形，导致位置发生变化。 （2）未按照设计图纸要求设置定位钢筋或图纸定位本身不准。 （3）定位钢筋未进行焊接或绑扎，定位钢筋位置发生变化，导致波纹管移位。 （4）混凝土浇筑过程中，波纹管受到扰动，导致位置发生变化
设计措施	按设计图纸要求设置波纹管定位钢筋，控制定位钢筋间距
预防措施	（1）波纹管进场前进行验收，选用的波纹管刚度应满足要求，在浇筑混凝土时不发生大的变形。 （2）在安装波纹管时，应定位准确，定位筋安装牢固。安装完成后及时进行位置复核，发现问题及时整改。 （3）在混凝土浇筑时，混凝土下落高度不宜过高，以防波纹管冲击变形、变位；混凝土振捣时，防治振动棒碰触波纹管，避免管道上下左右浮动。 （4）在波纹管内插入芯棒，以控制波纹管线型
治理措施	混凝土浇筑之前，发现波纹管位置超过允许误差的，应重新进行调整。浇筑后发现不能对接的，应采用平弯、竖弯过渡并重新核算预应力模块和局部承压
推荐工艺	推荐工艺： 胎架定位架定位，现场做好波纹管定位架，按照管道坐标设置定位钢筋，并对定位筋进行焊接，整体限位波纹管。 波纹管安装工序流程： 施工准备→原材料进场检测→波纹管加工→定位放线→安装端部错口螺旋筋和锚垫板→固定、校正梁端模→绑扎梁钢筋骨架→穿波纹管→安装曲线、直线定位筋（同步安装钢筋井字架）→绑扎波纹管、封闭接头（同步安装套管连接头，胶带封闭)→检查验收→立侧模→梁锁口→进入下道工序施工
检验内容	施工前：预应力波纹管性能检测。 施工工程中：预应力波纹管位置测量
验收标准	应符合《城市桥梁工程施工与质量验收规范》CJJ 1—2008 第 8.4.8 条的要求

6.17.2 浇筑混凝土过程中产生预应力孔道漏浆与堵塞（表6.17.2）

浇筑混凝土过程中产生预应力孔道漏浆与堵塞 表 6.17.2

质量问题示意	
质量问题描述	浇筑混凝土过程中由于工艺控制不当，波纹管内具有浆液或混凝土，并在孔道内凝固，导致孔道堵塞，在后续的工艺中不能进行穿钢绞线或压浆出现堵孔的情况
原因分析	（1）波纹管质量不合格，本身出现破损或沙眼。 （2）波纹管连接处封堵不严，端头未进行封堵。 （3）在电焊作业时，波纹管被烧穿。 （4）混凝土浇筑过程中，振捣棒碰触波纹管，导致破损
设计措施	/
预防措施	（1）选择合格的波纹管，材料进场时，做好原材料的相关检测工作。 （2）混凝土浇筑前，对波纹管进行检查，确保连接处封堵严密、端头已进行封堵。 （3）在进行电焊作业时，采取有效措施对波纹管进行保护，以免被烧穿。 （4）混凝土浇筑时，避免振动棒碰触波纹管。 （5）混凝土浇筑完毕后，在混凝土终凝前，用高压水冲洗管道，并用通孔器检查管道是否畅通。 （6）先在波纹管内穿入稍细的硬塑料管，浇筑完成后再拔出，可预防波纹管堵塞
治理措施	首先探测堵塞位置和长度，局部堵塞的孔道进行开孔清理，修复管道及凿除混凝土
推荐工艺	施工准备→原材料进场检测→波纹管加工→定位放线→安装端部锚口螺旋筋和锚垫板→固定、校正梁端模→绑扎梁钢筋骨架→穿波纹管→安装曲线、直线定位筋（同步安装钢筋井字架）→绑扎波纹管、封闭接头（同步安装套管连接头，胶带封闭）→检查验收→立侧模→梁锁口→进入下道工序施工
检验内容	施工前：波纹管性能检测
验收标准	应符合《城市桥梁工程施工与质量验收规范》CJJ 1—2008 第8.4.8条的要求

6.17.3　预应力筋张拉时断丝、滑丝数量超过规范要求（表 6.17.3）

预应力筋张拉时断丝、滑丝数量超过规范要求　　　表 6.17.3

质量问题示意	
质量问题描述	在张拉过程中，钢绞线出现一丝或几丝被拉断的情况叫作断丝，断丝位置可能在孔道内也可能在孔道外。在张拉过程中或锚固过程中，钢绞线与工具夹片或工作夹片发生较大位移的情况叫作滑丝
原因分析	（1）张拉设备精度不够，实际张拉应力过大。 （2）钢绞线本身存在质量问题，或钢绞线锈蚀。 （3）工具锚、工作锚、限位板、夹片与钢绞线不配套，夹片质量问题，或锥度太小，或夹片丝硬度不够。 （4）张拉力值施加过大。 （5）张拉时施加荷载速度过快，或卸载时卸荷速度太快。 （6）实际使用的预应力钢丝或预应力钢绞线直径偏大，锚具与夹片不密贴，张拉时易发生断丝或滑丝。 （7）预应力束没有或未按规定要求进行梳理编束，使得钢束长度长短不一或发生交叉，张拉时造成钢丝受力不均，容易发生断丝。 （8）锚圈放置位置不准，支承垫块倾斜，千斤顶安装不正，会造成预应力钢束断丝。 （9）施工焊接时，把接地线接在预应力筋上，造成钢丝间短路，损伤钢丝，张拉时发生断丝。 （10）把钢束穿入预留孔道内时间长，造成钢丝锈蚀，混凝土砂浆留在钢束上，又未清理干净，张拉时产生滑丝
设计措施	严格控制预应力张拉控制力、引伸量指标，推荐采用智能张拉工艺
预防措施	（1）张拉前张拉设备应进行标定。 （2）钢绞线、锚具和夹片等材料进场时，做好原材料的相关检测工作。 （3）对进场的工具锚、工作锚、限位板、夹片与钢绞线做配套试验，发现不配套的不予以使用。 （4）预应力张拉前，波纹管孔道口应清理干净。

预防措施	（5）张拉前，千斤顶、锚具应与张拉方向一致，与锚垫板应方向垂直，并与锚垫贴合密实，避免偏心。 （6）对张拉设备的加载速率和卸载速率进行控制，保证速率符合规范要求。 （7）穿束前，预应力钢束必须按规程进行梳理编束，并正确绑扎。 （8）焊接时严禁利用预应力筋作为接地线，不允许电焊条烧伤波纹管与预应力筋。 （9）张拉前必须对张拉端钢束进行清理，如发生锈蚀应重新调换
治理措施	（1）当断丝、滑丝超过设计和规范允许值时，应更换钢绞线重新张拉，当在范围内不予处理。 （2）当预应力达到一定吨位后，如发现油压回落，再加油时又回落，这时有可能发生断丝。如果发生断丝，应更换预应力钢束，重新进行预应力张拉
推荐工艺	后张法： 施工准备→张拉设备进行标定（同步进行原材料检测工作及材料配套试验）→梁板制作完成→抽拔成孔胶管→波纹管孔道清理干净→穿预应力筋→安装锚具、夹片、千斤顶→均速张拉→放张→锚固→进入下道工序施工
检验内容	施工前：张拉设备精度检测；钢绞线、锚具、夹片性能检测以及配套试验
验收标准	应符合《城市桥梁工程施工与质量验收规范》CJJ 1—2008 第 8.4.8 条的要求

6.17.4 施加预应力不足（表 6.17.4）

施加预应力不足　　　　　　　　　　　　　表 6.17.4

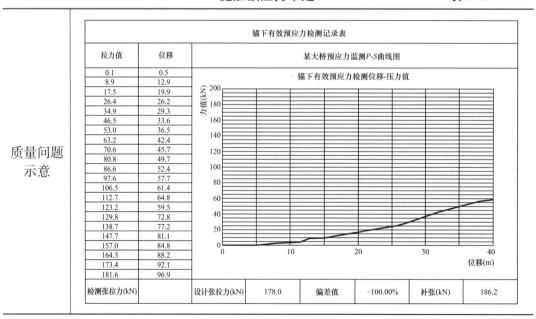

质量问题描述	施加预应力不足
原因分析	(1) 张拉设备没有进行标定，设备本身精度不足。 (2) 没有按设计要求进行应力施加。 (3) 张拉速率过快或持荷时间不足等
设计措施	根据预应力规格提供张拉控制力、引伸量等参数，并明确张拉张拉工艺
预防措施	(1) 张拉设备使用前做好设备标定工作，保证设备精度。 (2) 张拉前，计算好张拉行程应力值，张拉时按要求施加应力。 (3) 对张拉设备的加载速率和卸载速率进行控制，张拉完成后，持荷时间应满足要求
治理措施	预应力张拉后，封端之前，发现施加预应力不足，对钢绞线进行松弛之后进行二次张拉
推荐工艺	后张法： 施工准备（智能张拉；预应力施加行程应力计算）→张拉设备、夹片检测→抽拔成孔胶管→波纹管孔道清理干净→穿预应力筋→安装锚具、夹片、千斤顶→均速张拉（增加规范张拉行程）→放张→锚固→进入下道工序施工
检验内容	施工前：张拉设备精度检测；钢绞线、锚具、夹片性能检测
验收标准	应符合《城市桥梁工程施工与质量验收规范》CJJ 1—2008 第8.4条的要求

6.17.5 预应力损失过大（表6.17.5）

预应力损失过大　　　　表 6.17.5

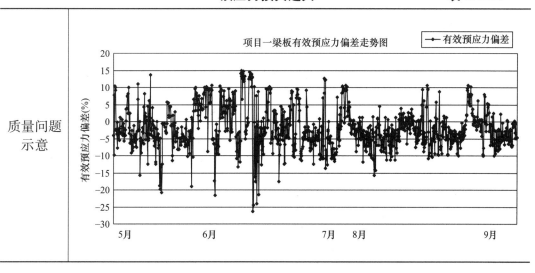

127

质量问题描述	预应力张拉时力值符合设计要求，但在进行锚下有效预应力检测时发现力值较设计要求的力值低，或者桥梁在使用一段时间后跨中下挠严重或出现开裂等现象
原因分析	（1）钢绞线质量不过关，松弛较大；工作夹片、工作锚具、限位板和钢绞线质量不合格，不匹配。 （2）孔道压浆不饱满，导致钢绞线未和梁体进行有机结合，使用过程中，钢绞线过早锈蚀，预应力逐渐损失。 （3）封锚不严
设计措施	充分考虑影响预应力损失的相关因素，做好瞬间预应力损失设计和长期预应力损失设计计算，长大桥梁考虑设置备用束
预防措施	（1）施工前，做好夹片、钢绞线原材料检测工作，确保材料合格。 （2）对进场工作夹片、工作锚具、限位板和钢绞线进行配套试验，对不配套的材料不予使用。 （3）采用真空压浆工艺，孔道注浆应从一端注入，直到另一端流出浆液为止，确保孔道压浆饱满。 （4）在封端之前做好成品保护，避免夹片受到外力撞击导致夹片受到损伤，引起预应力钢绞线收缩。 （5）封锚应严实，以预应力筋全部封入封锚混凝土内为准
治理措施	预应力张拉后，封端之前，发现施加损失过大时，对钢绞线进行松弛之后进行二次张拉；当钢绞线变形过大时，应重新更换钢绞线进行张拉
推荐工艺	后张法： 施工准备（预应力施加行程应力计算）→张拉设备、夹片检测→抽拔成孔胶管→波纹管孔道清理干净→穿预应力筋→安装锚具、夹片、千斤顶→均速张拉（增加规范张拉行程）→放张→锚固→注浆→封锚→进入下道工序施工
检验内容	施工前：夹片、预应力筋的性能。 施工后：孔道注浆饱满度
验收标准	应符合《城市桥梁工程施工与质量验收规范》CJJ 1—2008 第8.4条的要求

6.17.6 封锚不严 （表6.17.6）

封锚不严　　　　　　　　　　　　　　　　　　　　　表6.17.6

质量问题示意	
质量问题描述	封锚过程中未封堵住钢绞线的缝隙，或者夹片与夹片的缝隙，或者夹片与锚具的缝隙，或者工作锚与锚垫板的缝隙
原因分析	(1) 封锚材料强度不够，无法达到需要的强度。 (2) 封锚工人不熟悉封锚工艺，操作时比较随意，未进行全部封闭
设计措施	控制压浆工艺，现场压浆不得出现漏浆，封锚端应合理布置钢筋，宜采用专用封锚材料
预防措施	(1) 采用专用的封锚材料，进场前对封锚材料进行检测。 (2) 进行作业交底，保证工人掌握正确的封锚方法，确保封锚严密。 (3) 加强自控频率，确保封锚效果
治理措施	/
推荐工艺	工艺流程： 施工准备（作业交底）→封锚材料检测→张拉完成后→砂轮切割机切割钢绞线，使钢绞线端头距锚具35mm→清除锚具面、锚垫板及螺旋孔内的水泥浆和密封胶带→密封锚头→进入下道工序施工
检验内容	施工前：封锚材料性能检测
验收标准	应符合《城市桥梁工程施工与质量验收规范》CJJ 1—2008 第8.4.8条的要求

6.17.7 锚垫板安装不垂直、结合不紧密（表6.17.7）

锚垫板安装不垂直、结合不紧密 表 6.17.7

质量问题示意	
质量问题描述	锚垫板与波纹管不对中，连接不顺畅，张拉时，受力不均匀，与锚具之间存在间隙
原因分析	（1）锚垫板与封端模板尺寸不匹配，不固定。 （2）有杂物，未清理干净。 （3）安装时，钢绞线与锚垫板不垂直
设计措施	优化施工顺序，精细化锚垫板安装工艺
预防措施	（1）设计应明确锚垫板安装的位置和安装要求。 （2）施工单位应高度重视，详细交底，认真进行现场管理。 （3）作业队伍需要认真学习，仔细操作。 （4）监理应落实监理责任，重点关注此项目的相关事宜。 （5）锚垫板安装之前，波纹管安装位置准确，保证锚垫板与钢绞线垂直。 （6）采用符合设计要求的锚垫板，进场时进行验收，确保锚垫板尺寸与封端模板尺寸匹配。 （7）在锚垫板安装前，对模板内的杂物清理干净。 （8）锚垫板安装时应与钢绞线保证90°的夹角
治理措施	/
推荐工艺	在梁端模板准确定位出锚垫板位置→打孔（孔径略大于波纹管孔径）→锚垫板固定（锚固板与木模的夹角通过计算确定）→安装梁端模板→波纹管深入喇叭口→接头位置用胶带纸缠裹严密→模板固定→验收（锚垫板平面与预应力管道轴线垂直、螺旋筋与锚垫板贴合严密、螺旋筋轴线与锚垫板平面垂直）→进入下道工序施工

检验内容	/
验收标准	应符合《城市桥梁工程施工与质量验收规范》CJJ 1—2008 第 8.4.8 条的要求

6.17.8 锚下混凝土开裂（表 6.17.8）

锚下混凝土开裂　　　　　　　　　　　　　　　　　表 **6.17.8**

质量问题示意	 
质量问题描述	锚下混凝土在张拉的过程中或张拉过后出现混凝土崩裂，或者锚垫板下陷等现象
原因分析	（1）混凝土配合比或原材料不符合要求，导致混凝土强度达不到设计要求。 （2）锚下螺旋筋圈数过少，直径过小，离锚垫板太远，导致锚垫板下混凝土未形成约束混凝土，混凝土崩裂。 （3）锚垫板安装方向不对。 （4）混凝土强度未达到要求就进行张拉。 （5）张拉时应力施加过大或过快
设计措施	精细化锚固区钢筋施工工艺，准确定位，并与施工经验相结合，编制详细操作手册。锚固区预应力孔道到混凝土边缘预留一定的厚度
预防措施	（1）按要求对混凝土原材料进行取样送检，确保原材料合格。及时根据现场原材料调整施工配合比，保证混凝土强度满足设计要求。 （2）采用符合要求的螺旋筋，螺旋筋直径、圈数等按照设计要求进行加工；螺旋筋位置与锚垫板方向安装应正确。 （3）做好张拉同条件养护试块，在混凝土达到设计要求的张拉强度时才能进行预应力张拉。 （4）预应力张拉过程中，应按行程要求匀速施加应力
治理措施	小缺陷部位凿除松散料，冲洗干净后，采用高强度树脂混凝土进行修补，达到强度后方可进行张拉

推荐工艺	混凝土原材料及时取样送检；配合比符合设计强度要求；采用合格的螺旋筋；螺旋筋位置与锚垫板方向安装正确；张拉时混凝土强度达到要求；张拉过程中，匀速施加应力
检验内容	施工前：配合比设计；锚下螺旋箍筋安装情况。 施工过程中：混凝土强度
验收标准	应符合《城市桥梁工程施工与质量验收规范》CJJ 1—2008 第8.5条的要求

6.17.9 压浆不饱满（表6.17.9）

压浆不饱满 表6.17.9

质量问题 示意	
质量问题 描述	后张法预应力压浆施工中，浆液未充满孔道中的间隙，出现压浆后孔道中钢绞线部分或全部裸露，孔道中存在钢绞线锈蚀的环境，容易引起钢绞线锈蚀，钢绞线和梁体未能形成一个有机整体，降低了预应力桥梁的耐久性
原因分析	(1) 注浆设备不合格，不能施加正确的注浆压力。 (2) 压浆配合比设计不合理，压浆材料的膨胀率和稠度指标控制不当，泌水率大。 (3) 压浆时，孔道未清洗干净，有残留物或积水。 (4) 压浆时，锚具处预应力筋间隙漏浆。 (5) 压浆时压力不够，或封堵不严
设计措施	严格控制压浆工艺、材料和设备性能，并要求管理到位
预防措施	(1) 做好水泥浆原材料的进场检测工作。 (2) 对注浆设备进行标定，确保精度。 (3) 锚具外面的预应力筋间隙应用环氧树脂、泡沫剂或砂浆封堵严密，以免冒浆而损失压浆压力。封锚时应留排气孔。 (4) 孔道在压浆前应用压力水冲洗，以排除孔内粉渣杂物，保证孔道畅通，冲洗后用空压机吹去孔内积水，但要保持孔道湿润，使水泥浆与孔道壁结合良好。在冲洗过程中，如发现冒水、漏水现象，应及时堵塞漏洞。 (5) 正确控制水泥浆的各项指标。泌水率最高不超过3%，水泥浆中可适当掺入铝粉等膨胀剂。

预防措施	（6）保证注浆压力，推荐使用活塞式压浆泵，压浆的压力以保证压入孔内的水泥浆密实为准，开始压力要小，逐步增大。当输浆管道较长或采用一次压浆时，应适当加大压力。 （7）每个孔道压浆至最大压力后，应有一定的稳压时间，压浆应达到孔道的另一端饱满和出浆，并应达到排气孔排出与规定稠度相同的水泥浆为止，然后才能关闭出浆阀门
治理措施	局部压浆不饱满的地方，进行开孔注浆处理
推荐工艺	真空辅助压浆工艺流程：施工准备（浆液原材料检测、张拉设备精度检测）→终张拉 24h 内→检查断、滑丝情况→切丝→封锚→灌浆料配置（原材料过称、注浆设备再次检查）→检验流动度、泌水率→抽真空→管道压浆→稳压 3min→封堵压浆孔→进入下道工序施工
检验内容	施工前：压浆材料原材料性能检测。 施工过程中：压浆材料流动度、泌水率、压浆试块强度检测。 施工后：压浆饱满度检测
验收标准	应符合《城市桥梁工程施工与质量验收规范》CJJ 1—2008 第 8.5.7 条的要求

6.18 混凝土

6.18.1 蜂窝（表 6.18.1）

蜂窝　　　　　　　　　　　　　　　　　表 6.18.1

质量问题示意	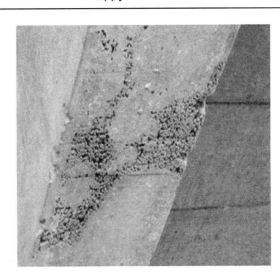

质量问题描述	通常表现为混凝土结构局部出现疏松，砂浆少石子多，石子之间形成空隙，类似蜂窝状的窟窿。主要影响混凝土外观质量，加速钢筋锈蚀，降低混凝土耐久性
原因分析	(1) 混凝土配合比不当或砂、石子、水泥材料加水量计量不准，加水量过多造成砂浆少、石子多。 (2) 混凝土搅拌时间短，没有拌合均匀，混凝土和易性差，振捣不密实。 (3) 模板破损或模板缝隙未堵严，造成漏浆。 (4) 下料方法不当或下料过高，未设串筒，造成混凝土离析。 (5) 混凝土未分层下料，振捣不实或漏振
设计措施	参照《清水混凝土应用技术规程》JGJ 169—2009 第 4.2.3 条、第 5.2.1 条、第 6.3.2 条、第 8.2.1 条、第 8.3.2 条、第 8.3.4 条规定
预防措施	(1) 认真进行混凝土配合比以外，采用电子秤称重计量，混凝土应拌合均匀，坍落度适合。 (2) 模板缝应堵塞严密，浇灌中应随时检查模板支撑及固接情况防止漏浆。 (3) 混凝土下料高度超过 2m 应设串筒或溜槽，浇灌应分层下料，分层振捣，防止漏振。 (4) 浇筑混凝土时，应采用振动器振捣，振捣时间宜为 20~30s，以混凝土不再沉落、不出现起泡、表面呈现浮浆为度
治理措施	(1) 小蜂窝时，表面做粉刷的，可不做处理；表面不做粉刷的，可将该处用水洗刷干净，并用水湿透，再采用与原混凝土一致的水泥砂浆，进行抹平压实处理，修补完成后，再采用用毛毡进行保湿养护。 (2) 较大蜂窝的凿去蜂窝处薄弱松散颗粒，刷洗干净支模好后，用高一级细石混凝土仔细填塞捣实； (3) 较深蜂窝的，如清除困难，可埋压浆管、排气管，表面抹砂浆或浇筑混凝土封闭后，进行水泥压浆处理
质量问题示意	模板表面清理（定制钢模板）→涂刷脱模剂（专用脱模剂）→钢筋安装到位→模板安装（牢固，拼缝严密）→混凝土浇筑（分层浇筑，振动器振捣）→脱模→养护
检验内容	施工过程中：模板平整度、光洁度；混凝土坍落度
验收标准	应符合《城市桥梁工程施工与质量验收规范》CJJ 2—2008 第 13.7 条，参照《混凝土结构工程施工质量验收规范》GB 50204—2015 第 8.1 条、第 8.2 条的要求

6.18.2 麻面 (表6.18.2)

麻面 表6.18.2

质量问题示意	
质量问题描述	麻面表现为混凝土表面局部出现缺浆粗糙或有小凹坑、麻点、气泡等，形成粗糙面，但钢筋未外露，表面不光滑，外观不美观
原因分析	（1）模板表面粗糙或黏附硬水泥浆垢等杂物未清理干净，拆模时混凝土表面被粘坏。 （2）模板隔离剂涂刷不均匀，局部漏刷或失效，混凝土表面与模板粘结造成麻面。 （3）木模板未浇水湿润或湿润不够，构件表面混凝土的水分被吸去，使混凝土失水过多出现麻面。 （4）模板拼缝不严，局部漏浆。 （5）混凝土坍落度过大。 （6）混凝土振捣不实，气泡未排出，停在模板表面形成麻点
设计措施	参照《清水混凝土应用技术规程》JGJ 169—2009第4.2.3条、第5.2.1条、第6.3.2条、第8.2.1条、第8.3.2条、第8.3.4条规定
预防措施	（1）根据桥梁不同部位不同形状采用定制钢模板，钢模板在使用前采用电动打磨机清理表面杂物，清理完成后，涂刷专用脱模剂，脱模剂应涂刷均匀，不得漏刷；新旧混凝土结合部位采用厚度3mm的双面自粘胶布止浆。 （2）脱模剂宜采用专用脱模剂。 （3）模板安装应牢靠，模板拼缝必须严密，必要时应用双面胶或泡沫剂封堵。 （4）使用木模板时，混凝土浇筑前应对模板进行润湿。 （5）严格控制混凝土坍落度，禁止施工过程中私自加水。 （6）浇筑混凝土时，应采用振动器振捣，振捣时间宜为20～30s，以混凝土不再沉落、不出现起泡、表面呈现浮浆为度

治理措施	表面做粉刷的，可不做处理；表面无粉刷的，将该处麻面用水洗刷干净，并用水湿透，再采用与原混凝土一致的水泥砂浆抹平压实，修补完成后，再采用用毛毡进行保湿养护
推荐工艺	模板表面清理（定制钢模板）→涂刷脱模剂（专用脱模剂）→钢筋安装到位→模板安装（牢固，拼缝严密）→混凝土浇筑（振捣到位）→脱模→养护
检验内容	施工过程中：模板平整度、光洁度；混凝土坍落度
验收标准	应符合《城市桥梁工程施工与质量验收规范》CJJ 2—2008 第 13.7 条，参照《混凝土结构工程施工质量验收规范》GB 50204—2015 第 8.1 条、第 8.2 条的要求

6.18.3 烂根（表 6.18.3）

烂根   表 6.18.3

质量问题示意	
质量问题描述	通常表现为混凝土结构的现浇柱、桥台、梁等竖向构件的底部，出现蜂窝、空隙、露筋、新老混凝土接茬不密实等
原因分析	（1）混凝土的水灰比过大，混凝土在浇筑过程中产生离析。 （2）结构结合部位没有清理干净就安装模板，或者安装模板前没有用水将接头位置冲干净，这样使接头位置有浮砂等杂物。 （3）现浇结构底部模板封闭不严密，混凝土在振捣时漏浆。 （4）浇筑前没有在两结构相结合部位浇筑同标号的砂浆。 （5）浇筑过程中没有分层浇筑，振捣不到位或漏振
设计措施	参照《清水混凝土应用技术规程》JGJ 169—2009 第 8.3 条规定

预防措施	（1）混凝土配料时严格控制配合比，经常检查，保证材料计量准确（应采用电子自动计量），加强混凝土到场之后坍落度的检测工作。 （2）支模前必须将基层表面杂物清理干净，混凝土浇筑前再次对模内进行检查，模板内部没有杂物才能浇筑混凝土。 （3）模板底部周围"坐浆"封严，对于其他拼缝不严密的地方应堵塞严密。 （4）浇筑混凝土前，老混凝土交界面处应浇水润湿，并浇筑同标号砂浆。 （5）混凝土高度较高时，应分次支模浇筑混凝土，并严格分层浇筑，在下层混凝土初凝或能重塑前浇筑完成上层混凝土。分层浇筑振捣时，采用插入式振动器、附着式振动器的每层浇筑厚度不宜超过 30cm，采用表面振动器时，没有钢筋或配筋稀疏时，浇筑层厚度不宜超过 25cm，配筋较密时不宜超过 15cm。 （6）混凝土振捣时，插入式振动器的移位间距应不超过振动器作用半径的 1.5 倍，并与侧模保持 50～100mm 的距离，插入下层混凝土中的深度宜为 50～100mm。表面振动器的移位间距应使振动器平板能覆盖已振实部分不小于 100mm。附着式振动器应根据结构物形状和振动器的性能确定。每一振点的振捣持续时间宜为 20～30s，以混凝土停止下沉、不出现气泡、表面呈现浮浆为度。 （7）自高处向模板内直接倾泻混凝土时，自由倾落高度不宜超过 2m；超过 2m 时，应通过串筒、溜管（槽）或振动溜管（槽）等设施下落；倾落高度超过 10m 时，应设置减速装置
治理措施	当孔洞烂根较浅时，将孔洞洗刷干净后水泥砂浆抹平压实；较大蜂窝的凿去蜂窝处薄弱松散颗粒，刷洗干净支模好后，用高一级细石混凝土仔细填塞捣实；较深蜂窝的，如清除困难，可埋压浆管、排气管，表面抹砂浆或浇筑混凝土封闭后，进行水泥压浆处理
推荐工艺	新旧接触面清理干净→浇筑同标号砂浆→模板表面清理（定制钢模板）→涂刷脱模剂（专用脱模剂）→钢筋安装到位→模板安装（牢固，拼缝严密）→混凝土浇筑（分层浇筑，振动器振捣）→脱模→养护
检验内容	混凝土坍落度
验收标准	应符合《城市桥梁工程施工与质量验收规范》CJJ 2—2008 第 13.7 条，参照《混凝土结构工程施工质量验收规范》GB 50204—2015 第 8.1 条、第 8.2 条的要求

6.18.4 露筋（表6.18.4）

露筋 表6.18.4

质量问题示意	
质量问题描述	钢筋混凝土结构钢筋裸露在表面，没有被混凝土包裹
原因分析	（1）钢筋保护层垫块位移或垫块太少或漏放，致使钢筋紧贴模板外露。 （2）混凝土配合比不当，产生离析，靠模板部位缺浆或模板漏浆。 （3）接头构件截面小，钢筋过密，石子卡在钢筋上，使水泥砂浆不能充满钢筋周围，造成露筋。 （4）混凝土振捣不实，或振捣棒撞击钢筋或踩踏钢筋，使钢筋移位，造成露筋。 （5）拆模时方法不当，导致混凝土缺棱、掉角，出现露筋现象
设计措施	参照《清水混凝土应用技术规程》JGJ 169—2009第4.2.3条、第5.2.1条、第6.3.2条、第8.2.1条、第8.3.2条、第8.3.4条规定
预防措施	（1）钢筋安装时，应安放足够数量、足够强度、厚度合格的垫块；浇筑混凝土时，加强检查保证钢筋位置和保护层厚度正确，并加强检查。 （2）模板应封堵严密，安装牢固，防止漏浆；混凝土浇筑前木模板应充分润湿。 （3）钢筋密集时，应选用适当粒径的石子，保证混凝土配合比准确和良好的和易性。 （4）自高处向模板内直接倾泻混凝土时，自由倾落高度不宜超过2m；超过2m时，应通过串筒、溜管（槽）或振动溜管（槽）等设施下落；倾落高度超过10m时，应设置减速装置。 （5）混凝土振捣严禁撞击钢筋，操作时，避免踩踏钢筋，如有踩弯或脱扣等及时调整。 （6）混凝土应振捣密实，防止漏振。 （7）正确掌握脱模时间，防止过早拆模，碰坏棱角

治理措施	表面漏筋，洗刷干净后，在表面涂抹水泥砂浆，将漏筋部位抹平；漏筋较深的凿去薄弱混凝土和突出颗粒，钢筋表面除锈，钢筋表面清理干净后，用比原来高一级的细石混凝土填塞压实
推荐工艺	垫块数量不少于每平方米 4 个，垫块强度合格；模板拼缝采用双面胶或泡沫剂封堵；钢筋密集时调整粗骨料粒径；混凝土配合比有良好的和易性；混凝土自由倾落高度不超过 2m；振动器振捣密实；达到强度后才能拆模
检验内容	施工前：垫块的强度、尺寸检测
验收标准	应符合《城市桥梁工程施工与质量验收规范》CJJ 2—2008 第 13.7 条，参照《混凝土结构工程施工质量验收规范》GB 50204—2015 第 8.1 条、第 8.2 条的要求

6.18.5 错台（表6.18.5）

错台 表 6.18.5

质量问题示意	
质量问题描述	混凝土在浇筑过程中由于多种原因使模板产生缝隙，造成混凝土构件成型后表面不平，形成明显的两个平面
原因分析	（1）模板安装时，两相邻模板之间高差过大。 （2）模板未加固到位的情况下就浇筑混凝土，混凝土的压力把模板挤压变形
设计措施	参照《清水混凝土应用技术规程》JGJ 169—2009 第 5.2.1 条、第 6.2.1 条、第 6.2.4 条、第 6.3.1 条、第 6.3.2 条、第 11.1.1 条、第 11.1.3 条规定
预防措施	（1）建议使用定型组合钢模板，为保证拼装质量，应设计配板图，条件允许时，优先采用整体拼装，整体安装法。 （2）模板应具有符合要求的刚度和强度，支撑时，垂直度要准确。横向支撑应牢固稳定，并保证软硬一致。

预防措施	（3）条形基础模板支撑撑在土壁上时，下面应垫以木板，以扩大其接触面，两块模板长向接头处应加立柱，使板面平整，连接牢固。 （4）模板配件如 U 形卡、钢楞，要事前按质量标准抽查并矫正。 （5）平面钢模板排列作为梁柱模板时，应从一端挤紧，同一端装 U 形卡，U形卡应正反交替放置，作为墙板模板时，宜由中间向外对称排列。 （6）钩头螺栓、紧固螺栓应松紧一致，所有内外钢楞交接处均应挂牢。 （7）施工过程中应避免大力碰撞模板，导致模板接头错位
治理措施	待混凝土强度增长至一定强度时，将凸凹面毛糙层錾去，清水冲洗干净后，刷建筑胶，用同基层混凝土配合比的砂浆抹至设计面，养护
推荐工艺	采用定制定型组合钢模，整体拼装，整体安装；采用 U 形卡固定模板
检验内容	施工过程中：模板平整度、垂直度
验收标准	应符合《城市桥梁工程施工与质量验收规范》CJJ 2—2008 第 13.7 条，参照《混凝土结构工程施工质量验收规范》GB 50204—2015 第 8.1 条、第 8.2 条的要求

6.18.6　孔洞（表 6.18.6）

孔洞　　　　　　　　　　　　　　　　　　　　　　表 6.18.6

质量问题示意	
质量问题描述	混凝土结构内部有尺寸较大的空隙，局部没有混凝土或蜂窝特别多，钢筋局部或全部裸露
原因分析	（1）在钢筋较密的部位或预留孔洞和预埋件处，混凝土下料被搁住，未振捣就继续浇筑上层混凝土。 （2）混凝土离析，砂浆分离，石子成堆，严重跑浆，又未进行振捣。

原因分析	（3）混凝土一次下料过多、过厚、过高，振捣器振捣不到位，形成松散孔洞。 （4）混凝土内掉入木块、泥块等杂物，混凝土被卡住
设计措施	参照《清水混凝土应用技术规程》JGJ 169—2009 第 8.1.1 条、第 8.1.2 条规定
预防措施	（1）加强混凝土原材料质量自检工作，砂石中混有黏土块、模板工具等杂物，应及时清除干净。 （2）在钢筋密集处及复杂部位，采用细石混凝土浇筑。当砂石中混有黏土块、模板工具等杂物，应及时清除干净。 （3）混凝土高度较高时，应分次支模浇筑混凝土，并严格分层浇筑，在下层混凝土初凝或能重塑前浇筑完成上层混凝土。分层浇筑振捣时，采用插入式振动器、附着式振动器的每层浇筑厚度不宜超过 30cm，采用表面振动器时，没有钢筋或配筋稀疏时，浇筑层厚度不宜超过 25cm，配筋较密时不宜超过 15cm。 （4）混凝土振捣时，插入式振动器的移位间距应不超过振动器作用半径的 1.5 倍，并与侧模保持 50～100mm 的距离，插入下层混凝土中的深度宜为 50～100mm。表面振动器的移位间距应使振动器平板能覆盖已振实部分不小于 100mm。附着式振动器应根据结构物形状和振动器的性能确定。每一振点的振捣持续时间宜为 20～30s，以混凝土停止下沉、不出现气泡、表面呈现浮浆为度
治理措施	将孔洞周围的松散混凝土和软弱浆膜凿除，用压力水冲洗，湿润后用高强度等级细石混凝土仔细浇筑、捣实
推荐工艺	钢筋密集处调整配合比中粗骨料粒径分层浇筑；振动棒振捣密实
检验内容	/
验收标准	应符合《城市桥梁工程施工与质量验收规范》CJJ 2—2008 第 13.7 条，参照《混凝土结构工程施工质量验收规范》GB 50204—2015 第 8.1 条、第 8.2 条的要求

6.18.7 裂隙、夹层（表 6.18.7）

裂隙、夹层　　　　　　表 6.18.7

质量问题示意	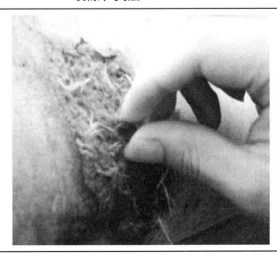

质量问题描述	混凝土内存在水平或垂直的松散混凝土夹层
原因分析	（1）施工缝或变形缝未经接缝处理、清除表面水泥薄膜和松动石子，未除去软弱混凝土层并充分湿润就浇筑混凝土。 （2）施工缝处锯削、泥土、砖块等杂物未清除或未清除干净。 （3）混凝土内掉入木块、泥块等杂物。 （4）混凝土浇筑高度过大，未设串筒、溜槽，造成混凝土离析。 （5）底层交接处未浇筑接缝砂浆层，接缝处混凝土未振捣密实
设计措施	参照《清水混凝土应用技术规程》JGJ 169—2009 第 8.4.1 条、第 8.4.2 条规定
预防措施	（1）施工缝、变形缝位置应凿毛到露出粗骨料为止，凿毛后，施工缝里面的混凝土渣、锯削、泥块、砖块等杂物应清理干净并洗净。 （2）加强混凝土原材料质量自检工作，砂石中混有黏土块、模板工具等杂物，应及时清除干净。 （3）接缝处浇筑前应先浇 50～100mm 厚原配合比无石子砂浆，以利结合良好，并加强接缝处混凝土的振捣密实。 （4）自高处向模板内直接倾泻混凝土时，自由倾落高度不宜超过 2m；超过 2m 时，应通过串筒、溜管（槽）或振动溜管（槽）等设施下落；倾落高度超过 10m 时，应设置减速装置。 （5）在施工缝处继续灌注混凝土时，间歇时间超过规定，则按施工缝处理，在混凝土抗压强度不小于 1.2MPa 时，才允许继续灌注
治理措施	缝隙夹层不深时，可将松散混凝土凿去，洗刷干净后，用水泥砂浆填密实；缝隙夹层较深时，应清除松散部分和内部夹层物，用压力水冲洗干净后支模，浇筑细石混凝土或将表面封闭后进行压浆处理
推荐工艺	施工缝凿毛露出粗骨料；接缝处先浇筑砂浆；原材料中无黏土块、模板等杂物；混凝土倾落高度不超过 2m
检验内容	/
验收标准	应符合《城市桥梁工程施工与质量验收规范》CJJ 2—2008 第 13.7 条，参照《混凝土结构工程施工质量验收规范》GB 50204—2015 第 8.1 条、第 8.2 条的要求

6.18.8 锈迹、污染（表6.18.8）

锈迹、污染   表 6.18.8

质量问题示意	
质量问题描述	混凝土外表面有明显的锈迹、污染的痕迹
原因分析	（1）原材料尤其是矿物掺合料变化产生色差。 （2）模板打磨不彻底，不干净，模板生锈形成颜色不均匀。 （3）模板涂刷脱模剂不均匀或所用脱模剂质量问题形成色差。 （4）混凝土浇筑间隔过长，或有过振现象，形成色差不一致。 （5）混凝土水灰比变化大，拌合质量差。 （6）预制构件存放时，采用深色材料抄垫。 （7）预埋件及临时构件留置时间过长且未采取防锈措施
设计措施	参照《清水混凝土应用技术规程》JGJ 169—2009 第5.2.2条、第5.2.4条规定
预防措施	（1）同一盘拌制的混凝土原材料应保证出自同一个厂家，同一批次。特别是要加强对水泥原材料的质量控制，严格控制水泥原材料来源，避免不同种类不同厂家的水泥混用，对于颜色相差较大的水泥禁止使用。 （2）混凝土拌合站应做到混凝土配合比各组用量准确，特别是用水量的准确，确保水灰比在极小范围内波动。严格控制混凝土的拌合质量，适当延迟混凝土的拌合时间，确保拌合质量稳定。 （3）模板必须打磨干净后，再进行涂脱模剂作业，涂脱模剂后用棉纱吸去多余油，如果棉纱出现黑色的油污现象，必须重新清理模板，直到用棉纱擦后不再出现油污现象为止，并保证涂油均匀一致。 （4）混凝土拌合及运输要严格按照混凝土施工工艺进行操作，严禁混凝土出现离析现象，如果出现离析现象就不能进行混凝土浇筑。 （5）在混凝土浇筑过程中，混凝土必须从腹板内侧位置布料，对于淋洒在翼缘板外侧、内侧的混凝土要及时清理干净，保证此处混凝土不形成失水现象。

预防措施	（6）在振捣过程中要责任心强，不能出现漏振、过振、欠振现象。 （7）预制构件抄垫时应采用浅色材料。 （8）长时间留置的钢构件应采取防锈措施。 （9）永久遗留预埋件表面应及时封闭
治理措施	对于小面积混凝土锈迹以及脱模剂污染的，可用钢刷刷除，范围较大的采用1：10的草酸溶液进行擦洗后再进行砂轮机打磨，以还原混凝土本色
推荐工艺	采用专用脱模剂；强制搅拌机拌合；电子称重计量上料；振动器振捣密实；同一盘混凝土原材料出自同一批同一厂家
检验内容	施工前：水泥安定性、粗细骨料筛分、含泥量、针片状含量等；模板光洁度
验收标准	参照《混凝土结构工程施工质量验收规范》GB 50204—2015 第8.1条、第8.2条的要求

6.18.9　裂缝（表6.18.9）

裂缝 表6.18.9

质量问题示意	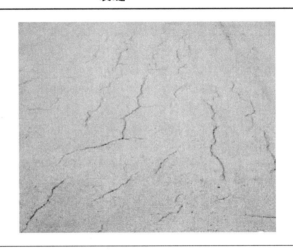
质量问题描述	裂缝的形式主要有混凝土结构面干缩裂缝、塑性收缩裂缝、大面积结构温度裂缝。 （1）混凝土结构面干缩裂缝：在整体现浇结构中，在结构半截面处产生宽度在±0.05～0.2mm、走向纵横交错、没有规律性的表面性裂缝。较严重开裂时，影响混凝土面的外观质量，易引发混凝土层剥落。 （2）塑性收缩裂缝：一般在干热或大风天气出现，裂缝多呈中间宽、两端细且长短不一，互不连贯状态。较短的裂缝一般为20～30cm，较长的裂缝可达2～3m，宽1～5mm。 （3）温度裂缝：温度裂缝的走向通常无规律，大面积结构裂缝常纵横交错；裂缝宽度大小不一，受温度变化影响较为明显，冬季较宽，夏季较窄；高温膨胀引起的混凝土温度裂缝，通常中间粗两端细，而冷缩裂缝的粗细变化不太明显。此种裂缝的出现会引起钢筋的锈蚀、混凝土的碳化，降低混凝土的抗冻融、抗疲劳及抗渗能力等

原因分析	（1）混凝土结构面干缩裂缝 1）混凝土内外水分蒸发程度不同而导致变形不同的结果。 2）混凝土成型后，养护不当，表面体积收缩大，受内部混凝土约束出现拉应力引起裂缝。 （2）塑性收缩裂缝 1）混凝土终凝前，几乎没有强度或强度很小，或者混凝土刚刚终凝而强度很小时，受高温或较大风力的影响，混凝土表面失水过快，造成毛细管中产生较大的负压而使混凝土体积急剧收缩，而此时混凝土的强度又无法抵抗其本身收缩，因此产生龟裂。 2）影响混凝土塑性收缩开裂的主要因素有水灰比、混凝土的凝结时间、环境温度、风速、相对湿度等。 （3）大面积结构温度裂缝 1）混凝土体积较大，混凝土内部水化热不易散发，导致内部温度急剧上升，而混凝土表面散热较快，形成内外较大温差，造成内部与外部热胀冷缩的程度不同，使混凝土表面产生一定的拉应力。 2）深层和贯穿的温度裂缝，由于结构降温差值较大，受外界约束引起
设计措施	参照《清水混凝土应用技术规程》JGJ 169—2009 第 8.4.1 条、第 8.4.2 条规定
预防措施	（1）混凝土结构面干缩裂缝 1）选用收缩量较小的水泥，建议采用中低热水泥和粉煤灰水泥，降低水泥的用量。 2）在混凝土配合比设计中应尽量控制好水灰比的选用，同时掺加合适的减水剂。 3）严格控制混凝土搅拌和施工中的配合比，混凝土的用水量绝对不能大于配合比设计所给定的用水量。 4）混凝土浇筑振捣时避免表层混凝土过振，混凝土浇筑完成后表面应进行二次抹面和拉毛处理。 5）加强混凝土的早期养护，并适当延长混凝土的养护时间。冬期施工时，要适当延长混凝土保温覆盖时间或采用蒸汽养护，并涂刷养护剂。 6）在混凝土结构中设置合适的收缩缝。 （2）塑性收缩裂缝 1）选用干缩值较小、早期强度较高的硅酸盐或普通硅酸盐水泥。 2）严格控制水灰比，掺加高效减水剂来增加混凝土的坍落度和和易性，减少水泥及水的用量。 3）浇筑混凝土之前，将基层和模板浇水均匀湿透。 4）及时覆盖塑料薄膜或者潮湿的草垫、麻袋等，保持混凝土终凝前表面湿润，或者在混凝土表面喷洒养护剂等进行养护。 5）在高温和大风天气要设置遮阳和挡风设施，及时养护。 （3）大面积结构温度裂缝 1）尽量选用低热或中热水泥，如矿渣水泥、粉煤灰水泥等。 2）减少水泥用量，尽量控制在 $450kg/m^3$ 以下。

预防措施	3）降低水灰比，一般混凝土的水灰比控制在 0.6 以下。 4）改善骨料级配，参加粉煤灰或高效减水剂等来减少水泥用量，降低水化热。 5）在混凝土中掺加一定量的具有减水、增塑、缓凝等作用的外加剂，改善混凝土拌合的流动性、保水性，降低水化热，推迟热峰的出现时间。 6）浇筑混凝土前，宜在基岩和老混凝土上铺设 5mm 左右的砂垫层或使用沥青等材料涂刷以减小约束。 7）改善混凝土的搅拌加工工艺，降低混凝土的浇筑温度。 8）高温季节浇筑时，可以采用搭设遮阳板等辅助措施控制混凝土的温升，降低浇筑混凝土的温度。 9）合理安排施工工序，分层、分块浇筑以利于散热，减小约束。 10）在大体积混凝土内部设置冷却管道，通冷水或者冷气冷却，减小混凝土的内外温差。 11）加强混凝土温度的监控，及时采取冷却、保护措施。 12）加强混凝土养护。混凝土浇筑后，及时用湿润的草帘、麻袋等覆盖，并注意洒水养护，适当延长养护时间，保证混凝土表面缓慢冷却。在寒冷季节，混凝土表面应设置保温措施，以防止寒潮袭击。 13）预留温度收缩缝。 14）适当延长模板留置时间
治理措施	对结构应压力、耐久性和安全基本没有影响的表面裂缝，一般不予以处理。对深层裂缝和贯穿裂缝可以采取用风镐、风钻或人工凿除裂缝，直至看不见裂缝为止，凿槽断面为梯形，再在上面浇筑混凝土。对于较深的裂缝，在混凝土已充分冷却后，在裂缝上铺设 1~2 层的钢筋后再继续浇筑新混凝土。对比较严重的裂缝可以采取水泥灌浆和化学灌浆，裂缝宽度在 0.5mm 以上时采用水泥灌浆。裂缝宽度小于 0.5mm 时应采取化学灌浆，化学灌浆材料一般使用环氧-糠醛丙酮系等浆材
推荐工艺	干缩裂缝：选用收缩量较小的水泥，降低水泥用量；称重计量上料；合理的养护时间及养护方式；混凝土表面进行二次收光压实。 塑性收缩裂缝：选用干缩值较小、早期强度较高的硅酸盐或普通硅酸盐水泥；减少水泥及水的用量；塑料薄膜或者潮湿的草垫、麻袋进行养护，或在表面喷洒养护剂养护。 大面积结构温度裂缝：尽量选用低热或中热水泥，如矿渣水泥、粉煤灰水泥等；减少水泥用量；降低水灰比；降低水化热；分层、分块浇筑；及时采用合理方式进行养护，混凝土内部布置冷却水管，延长模板留置时间
检验内容	施工前：水泥安定性、凝结时间；粗细骨料筛分、含泥量、针片状含量等原材料性能检测。 施工过程中：混凝土坍落度
验收标准	应符合《城市桥梁工程施工与质量验收规范》CJJ 2—2008 第 13.7 条，参照《混凝土结构工程施工质量验收规范》GB 50204—2015 第 8.1 条、第 8.2 条的要求

6.18.10 混凝土结构缺棱、掉角（表6.18.10）

混凝土结构缺棱、掉角　　　　　　表 6.18.10

质量问题示意	
质量问题描述	结构或构件边角处混凝土局部掉落，或成不规则的棱角等缺陷
原因分析	（1）模板未涂刷隔离剂，或涂刷不均，导致混凝土与模板粘结。 （2）木模板未充分浇水湿润或湿润不够。混凝土浇筑后养护不当，造成脱水，强度降低，或模板吸水膨胀将边角拉裂，拆模时，棱角被粘掉。 （3）低温施工过早拆除侧面非承重模板。 （4）拆模时，边角受外力或重物撞击，或保护不好，棱角被碰掉。 （5）成品运输时，结构被碰损。 （6）冬季施工时，混凝土局部受冻
设计措施	参照《清水混凝土应用技术规程》JGJ 169—2009 第5.2.1条、第6.2.1条、第6.2.4条、第6.3.1条、第6.3.1条规定
预防措施	（1）模板安装前脱模剂应涂刷均匀，不能出现漏涂现象。 （2）模板在浇筑混凝土前应充分湿润，混凝土浇筑后应湿润养护，拆除侧面非承重模板时，混凝土应具有1.2MPa以上强度。 （3）拆模时注意保护棱角，避免撬拆时用力过猛、过急，吊运模板和其他材料时，防止撞击混凝土结构棱角。 （4）运输时，成品阳角应采取保护措施，以免碰损。 （5）冬季混凝土浇筑完毕，做好覆盖保温工作，加强测温，及时采取措施，防止受冻
治理措施	缺棱掉角处，可将该处松散颗粒凿除，冲洗干净充分湿润后，视破损程度用水泥砂浆抹补齐整，或支模用比原来高一级混凝土捣实补好，之后湿润养护
推荐工艺	脱模剂涂抹均匀；混凝土达到强度后才能拆模；采用合理的方式进行拆模；运输时，做好成品保护，专人配合进行运输安装
检测检验	拆模前：混凝土强度检测
验收标准	参照《混凝土结构工程施工质量验收规范》GB 50204—2015 第8.1条、第8.2条的要求